村镇常用建筑材料与施工便携手册

村镇装饰装修工程

张婧芳　主编

中国铁道出版社

2012年·北京

内 容 提 要

　　本书主要内容包括:村镇常用装饰装修材料,村镇建筑抹灰工程,村镇建筑门窗工程,村镇建筑吊顶工程,村镇建筑饰面板(砖)工程,村镇建筑涂饰工程,村镇建筑裱糊与软包工程,村镇建筑装饰细部工程。

　　本书内容丰富,层次清晰,可作为工程技术人员的培训教材,也可作为高等院校土木工程专业的学习教材。

图书在版编目(CIP)数据

村镇装饰装修工程/张婧芳主编. —北京:中国铁道出版社,
2012.12
(村镇常用建筑材料与施工便携手册)
ISBN 978-7-113-15660-2

Ⅰ.①村… Ⅱ.①张… Ⅲ.①乡镇—工程装修—技术手册
Ⅳ.①TU767-62

中国版本图书馆 CIP 数据核字(2012)第 270424 号

书　　名:	村镇常用建筑材料与施工便携手册	
	村镇装饰装修工程	
作　　者:	张婧芳	

策划编辑:	江新锡　曹艳芳	
责任编辑:	冯海燕　张荣君	电话:010-51873193
封面设计:	郑春鹏	
责任校对:	胡明锋	
责任印制:	郭向伟	

出版发行:中国铁道出版社(100054,北京市西城区右安门西街 8 号)
网　　址:http://www.tdpress.com
印　　刷:三河市兴达印务有限公司
版　　次:2012 年 12 月第 1 版　2012 年 12 月第 1 次印刷
开　　本:787mm×1092mm　1/16　印张:12　字数:297 千
书　　号:ISBN 978-7-113-15660-2
定　　价:30.00 元

前　言

国家"十二五"规划提出改善农村生活条件之后,党和政府相继出台了一系列相关政策,强调"加强对农村建设工作的指导",并要求发展资源型、生态型、城镇型新农村,这为我国村镇的发展指明了方向。同时,这也对村镇建设工作者及其管理工作者提出了更高的要求。为了推进社会主义新农村建设,提高村镇建设的质量和效益,我们组织编写了《村镇常用建筑材料与施工便携手册》丛书。

本丛书依据"十二五"规划和《国务院关于推进社会主义新农村建设的若干意见》对建设社会主义新农村的部署与具体要求,结合我国村镇建设的现状,介绍了村镇建设的特点、基础知识,重点介绍了村镇住宅、村镇道路以及园林等方面的内容。编写本书的目的是为了向村镇建设的设计工作者、管理工作者等提供一些专业方面的技术指导,扩展他们的有关知识,提高其专业技能,以适应我国村镇建设的不断发展,更好地推进村镇建设。

《村镇常用建筑材料与施工便携手册》丛书包括七分册,分别为:

《村镇建筑工程》;

《村镇电气安装工程》;

《村镇装饰装修工程》;

《村镇给水排水与采暖工程》;

《村镇道路工程》;

《村镇建筑节能工程》;

《村镇园林工程》。

本系列丛书主要针对村镇建设的园林规划,道路、给水排水和房屋施工与监督管理环节,系统地介绍和讲解了相关理论知识、科学方法及实践,尤其注重基础设施建设、新能源、新材料、新技术的推广与使用,生态环境的保护,村镇改造与规划建设的管理。

参加本丛书的编写人员有张婧芳、魏文彪、王林海、孙培祥、栾海明、孙占红、宋迎迎、张正南、武旭日、白宏海、孙欢欢、王双敏、王文慧、彭美丽、李仲杰、李芳芳、乔芳芳、张凌、蔡丹丹、许兴云、张亚等。在此一并表示感谢!

由于我们编写水平有限,书中的缺点在所难免,希望专家和读者给予指正。

编　者

2012 年 11 月

目　录

第一章　村镇常用装饰装修材料

第一节　常用门窗材料

一、木门窗

1. 木方材

选材质较松,材色和纹理不甚显著,不劈裂、不易变形的树种,主要为红松材、白松材等,含水率宜不大于12%。

2. 人造板材

(1)细木工板,主要规格是 1 220 mm×2 440 mm,厚度为 15 mm、18 mm、20 mm、22 mm等。

细木工板应锯成方形,四边平直齐整,两对角线误差不得超过0.2%,其四边的不直度不得超过0.3%。细木工板应成批进行验收,验收时根据标准上的质量要求,标出每批细木工板的类别、树种和尺寸等。

(2)胶合夹板分普通板和饰面板,常用的有三夹板、九夹板、十二夹板等。

3. 石材

(1)石材饰面板。

1)饰面板应表面平整、边缘整齐;棱角不得损坏,并应具有产品合格证。

2)天然大理石、花岗石饰面板,表面不得有隐伤、风化等缺陷。不宜用易褪色的材料包装。

3)花岗石板放射性核素限量应符合下列要求:

装修材料中天然放射性核素镭—226、钍—232、钾—40 的放射性比活度同时满足,$I_{Ra} \leqslant 1.0$ 和 $I_r \leqslant 1.3$ 要求的为 A 类装修材料。A 类装修材料产销与使用范围不受限制。

不满足 A 类装修材料要求但同时满足 $I_{Ra} \leqslant 1.3$ 和 $I_r \leqslant 1.9$ 要求的为 B 类装修材料。B类装修材料不可用于I类民用建筑的内饰面,但可用于I类民用建筑的外饰面及其他一切建筑物的内、外饰面。

不满足 A、B 类装修材料要求但满足 $I_r \leqslant 2.8$ 要求的为 C 类装修材料。C 类装修材料只可用于建筑物的外饰面及室外其他用途。

(2)预制人造石饰面板。应表面平整,几何尺寸准确,面层石粒均匀、洁净、颜色一致。

(3)瓷板饰面板。瓷板堆放、吊运应符合下列规定。

1)按板材的不同品种、规格分类堆放。

2)板材宜堆放在室内;当需要在室外堆放时,应采取有效措施防雨、防潮。

3)当板材有减震外包装时,平放堆高不宜超过 2 m,竖放堆高不宜超过 2 层,且倾斜角不宜超过15°;当板材无包装时,应将板的光泽面相向,平放堆高不宜超过 10 块,竖放宜单层堆放且倾斜角不宜超过15°。

4)吊运时宜采用专用运输架。

（4）金属饰面板、塑料饰面板。金属饰面板的品种、质量、颜色、花型、线条应符合设计要求，并应有产品合格证。表面应平整、光滑，无裂缝和皱折，颜色一致，边角整齐，金属饰面板涂膜厚度均匀。

4. 胶结材料

（1）施工时所用胶结材料的品种、掺和比例应符合设计要求并具有产品合格证。

（2）拌制砂浆应用不含有害物质的纯净水。

（3）瓷质饰面使用的密封胶，其性能应符合表1-1的规定。

表1-1　密封胶性能

项　　目	技术指标
表干时间	1～1.5 h
初步固化时间（25℃）	3 d
完全固化时间	7～14 d
流淌性	无流淌
污染性	无污染
邵氏硬度	20～30 度
抗拉强度	0.11～0.14 MPa
撕裂强度	≥3.8 N/mm
固化后的变位承受能力	$25\% \leqslant \delta \leqslant 50\%$
施工温度	5℃～48℃

二、金属门窗

1. 铝合金门窗

（1）铝合金型材。

1）基材壁厚及尺寸偏差。外门窗框、扇、拼樘框等主要受力杆件所用主型材壁厚应经设计计算或试验确定。主型材截面主要受力部位基材最小实测壁厚，外门不应低于2.0 mm；外窗不应低于1.4 mm。

有安装关系的型材，尺寸偏差应选用《铝合金建筑型材 第1部分：基材》(GB 5237.1—2008)规定的高精级或超高精级。

2）外观质量。铝合金型材表面应整洁，不允许有裂纹、起皮、腐蚀和气泡等缺陷存在。铝合金型材表面上允许有轻微的压坑、碰伤、擦伤存在，其允许深度见表1-2。

表1-2　铝合金型材表面缺陷允许深度　　　　（单位：mm）

状　　态	缺陷允许深度，不大于	
	装饰面	非装饰面
T5	0.03	0.07
T4、T6	0.06	0.10

（2）钢材。铝合金门窗所用钢材宜采用奥氏体不锈钢材料。采用其他黑色金属材料,应根据使用需要,采取热浸镀锌、锌电镀、黑色氧化和防锈涂料等防腐处理。

（3）玻璃。铝门窗玻璃应采用符合《平板玻璃》(GB 11614—2009)规定的建筑级平板玻璃或以其为原片的各种加工玻璃。玻璃的品种、厚度和最大许用面积应符合《建筑玻璃应用技术规程》(JGJ 113—2009)的有关规定。

（4）密封及弹性材料。铝门窗玻璃镶嵌、杆件连接及附件装配所用密封胶应与所接触的各种材料相容,并与所需粘接的基材粘接。隐框窗用的硅酮结构密封胶应具有与所接触的各种材料、附件的相容性,能与所需粘接基材黏结。

玻璃支承块、定位块等弹性材料应符合《建筑玻璃应用技术规程》(JGJ 113—2009)中玻璃安装材料的有关规定。

（5）五金配件。铝门窗框扇连接、锁固用功能性五金配件应满足整樘门窗承载能力的要求,其反复启闭性能应满足门窗反复启闭性能要求。

（6）紧固件。铝门窗组装机械连接应采用不锈钢紧固件。不应使用铝及铝合金抽芯铆钉做门窗受力连接用紧固件。

2. 涂色镀锌钢板门窗

（1）彩板型材所用材料应为建筑外用彩色涂层钢板,板厚为 0.7~1.0 mm。性能应符合《彩色涂层钢板及钢带》(GB/T 12754—2006)的规定,电镀锌基板彩涂板的力学性能应符合表1-3 的规定。

表 1-3 电镀锌基板彩涂板的力学性能

牌号	屈服强度(MPa)	抗拉强度(MPa)不小于	断后伸长率($L_0=80$ mm,$b=20$ mm)(%),不小于		
			公称厚度(mm)		
			≤0.50	0.50~≤0.7	>0.7
TDC01＋ZE	140~280	270	24	26	28
TDC03＋ZE	140~240	270	30	32	34
TDC04＋ZE	140~220	270	33	35	37

（2）涂层种类。底漆为环氧树脂漆或具有相同性能指标的其他涂料,面漆为外用聚酯漆或具有相同性能指标的其他涂料。正表面应至少为两涂两烘,背面应至少一涂一烘。

（3）热镀基板彩涂板的厚度(不包括涂层)允许偏差见表1-4。

表 1-4 热镀基板彩涂板的厚度允许偏差

规定的最小屈服强度(MPa)	公称厚度(mm)	下列公称宽度时的厚度允许偏差(mm)					
		普通精度 PT. A			高级精度 PT. B		
		≤1 200	>1 200~1 500	>1 500	≤1 200	>1 200~1 500	>1 500
＜280	0.30~0.40	±0.05	±0.06	—	±0.03	±0.04	—
	>0.40~0.60	±0.60	±0.07	±0.08	±0.04	±0.05	±0.06
	>0.60~0.80	±0.07	±0.08	±0.09	±0.05	±0.06	±0.06
	>0.80~1.00	±0.08	±0.09	±0.10	±0.06	±0.07	±0.07
	>1.00~1.20	±0.09	±0.10	±0.11	±0.07	±0.08	±0.08

规定的最小屈服强度（MPa）	公称厚度（mm）	下列公称宽度时的厚度允许偏差(mm)					
		普通精度 PT.A			高级精度 PT.B		
		≤1 200	>1 200~1 500	>1 500	≤1 200	>1 200~1 500	>1 500
<280	>1.20~1.60	±0.11	±0.12	±0.12	±0.08	±0.09	±0.09
	>1.60~2.00	±0.13	±0.14	±0.14	±0.09	±0.10	±0.10
≥280	>0.30~0.40	±0.06	±0.07	—	±0.04	±0.05	—
	>0.40~0.60	±0.07	±0.08	±0.09	±0.05	±0.06	±0.07
	>0.60~0.80	±0.08	±0.09	±0.11	±0.06	±0.07	±0.07
	>0.80~1.00	±0.09	±0.11	±0.12	±0.07	±0.08	±0.08
	>1.00~1.20	±0.11	±0.12	±0.13	±0.08	±0.09	±0.09
	>1.20~1.60	±0.13	±0.14	±0.14	±0.09	±0.11	±0.11
	>1.60~2.00	±0.15	±0.17	±0.17	±0.11	±0.12	±0.12

（4）表面质量。彩板表面不应有气泡、龟裂、漏涂及颜色不均等缺陷。

三、塑料门窗

1. 未增塑聚氯乙烯（PVC—U）塑料门

（1）外观质量要求。门构件可视面应平滑，颜色基本均匀一致，无裂纹、气泡，不得有严重影响外观的擦、划伤等缺陷。焊缝清理后，刀痕应均匀、光滑、平整。

（2）未增塑聚氯乙烯（PVC—U）塑料门的技术性能。

1）力学性能。平开门、平开下悬门、推拉下悬门、折叠门、地弹簧门的力学性能应符合表1-5的要求，推拉门的力学性能应符合表1-6的要求。

表 1-5 平开门、平开下悬门、推拉下悬门、折叠门、地弹簧门的力学性能

项 目	技术要求
锁紧器(执手)的开关力	不大于 100 N(力矩不大于 10 N·m)
开关力	不大于 80 N
悬端吊重	在 500 N 作用力下，残余变形不大于 2 mm，试件不损坏，仍保持使用功能
翘曲	在 300 N 作用力下，允许有不影响使用的残余变形，试件不损坏，仍保持使用功能
开关疲劳	经不少于 100 000 次的开关试验，试件及五金配件不损坏，其固定处及玻璃压条不松脱，仍保持使用功能
大力关闭	经模拟 7 级风连续开关 10 次，试件不损坏，仍保持开关功能
焊接角破坏力	门框焊接角的最小破坏力的计算值不应小于 3 000 N，门扇焊接角的最小破坏力的计算值不应小于 6 000 N，且实测值均应大于计算值

项 目	技术要求
窗撑试验	在 200 N 作用力下,不允许位移,连接处型材不破裂
开启限位装置 (制动器)受力	在 10 N 作用力下,开启 10 次,试件不损坏

注:大力关闭只检测平开窗和上悬窗。

表 1-13 推拉窗的力学性能

项目	技术要求			
开关力	推拉窗	不大于 100 N	上下推拉窗	不大于 135 N
弯曲	在 300 N 作用力下,允许有不影响使用的残余变形,试件不损坏,仍保持使用功能			
扭曲	在 200 N 作用力下,试件不损坏,允许有不影响使用的残余变形			
开关疲劳	经不少于 10 000 次的开关试验,试件及五金配件不损坏,其固定处及玻璃压条不松脱			
焊接角破坏力	窗框焊接角的最小破坏力的计算值不应小于 2 500 N,窗扇焊接角最小破坏力的计算值不应小于 1 400 N,且实测值均应大于计算值			

注:没有凸出把手的推拉窗不做扭曲试验。

2)物理性能。抗风压性能、气密性能、水密性能、保温性能和空气声隔声性能,参见"未增塑聚氯乙烯(PVC—U)塑料门"相关内容。

采光性能:分级指标值 T_r 按表 1-14 规定。

表 1-14 采光性能分级

分级	1	2	3	4	5
分级指标值	$0.20 \leqslant T_r$ <0.30	$0.30 \leqslant T_r$ <0.40	$0.40 \leqslant T_r$ <0.50	$0.50 \leqslant T_r$ <0.60	$T_r \geqslant 0.60$

四、玻璃门窗

1. 普通平板玻璃

(1)厚度偏差和厚薄差应符合表 1-15 的规定。

表 1-15 平板玻璃厚度偏差和厚薄差　　　(单位:mm)

公称厚度	厚度偏差	厚薄差
2～6	±0.2	0.2
8～12	±0.3	0.3
15	±0.5	0.5
19	±0.7	0.7
22～25	±1.0	1.0

(2)平板玻璃应切裁成矩形,其长度和宽度的尺寸偏差不应超过表1-16的规定。

表1-16　尺寸偏差

公称厚度	尺寸偏差	
	尺寸<3 000	尺寸>3 000
2～6	±2	±3
8～10	+2,－3	+3,－4
12～15	±3	±4
19～25	±5	±5

(3)平板玻璃对角线差应不大于其平均长度的0.2%。

(4)平板玻璃弯曲度不得超过0.2%。

(5)无色透明平板玻璃可见光透射比最小值见表1-17的规定。

表1-17　无色透明平板玻璃可见光透射比最小值

公称厚度(mm)	可见光透射比最小值(%)
2	89
3	88
4	87
5	86
6	85
8	83
10	81
12	79
15	76
19	72
22	69
25	67

(6)平板玻璃合格品外观质量应符合表1-18的要求。

表1-18　平板玻璃合格品外观质量

缺陷种类	质量要求	
	尺寸(L)(mm)	允许个数限度
点状缺陷*	0.5≤L≤1.0	2×S
	1.0<L≤2.0	1×S
	2.0<L≤3.0	0.5×S
	L>3.0	0

缺陷种类	质量要求		
点状缺陷密集度	尺寸≥0.5 mm 的点状缺陷最小间距不小于 300 mm;直径 100 mm 圆内尺寸≥0.3 mm 的点状缺陷不超过 3 个		
线道	不允许		
裂纹	不允许		
划伤	允许范围		允许条数限度
	宽≤0.5 mm,长≤60 mm		3×S
光学变形	公称厚度(mm)	无色透明平板玻璃(°)	本体着色平板玻璃(°)
	2	≥40	≥40
	3	≥45	≥40
	≥4	≥50	≥45
断面缺陷	公称厚度不超过 8 mm 时,不超过玻璃板的厚度;8 mm 以上时,不超过 8 mm		

注:S 是以平方米为单位的玻璃板面积数值,按《数值修约规则与极限数值的表示和判定》(GB/T 8170—2008)修约,保留小数点后两位。点状缺陷的允许个数限度及划伤的允许条数限度为各系数与 S 相乘所得的数值,按《数值修约规则与极限数值的表示和判定》(GB/T 8170—2008)修约至整数。

* 光畸变点视为 0.5～1.0 mm 的点状缺陷。

2. 压花玻璃

(1)厚度偏差应符合表 1-19 的规定。

表 1-19 压花玻璃厚度允许偏差

厚度	厚度允许偏差
3	±0.3
4	±0.4
5	±0.4
6	±0.5
8	±0.6

(2)压花玻璃对角线差应小于两对角线平均长度的 0.2%。

(3)弯曲度不得大于 0.3%。

(4)尺寸偏差(包括偏斜)不得大于±3 mm。

(5)边部凸出或残缺部分不得大于 3 mm。每块玻璃只允许有一个缺角,沿原角等分线方向测量缺角深度不得大于 5 mm。

(6)压花玻璃外观质量等级应符合表 1-20 的规定。

表 1-20　压花玻璃外观质量等级

缺陷类型	说明	一等品			合格品		
图案不清	目测可见	不允许					
气泡	长度范围（mm）	$2{\leqslant}L{<}5$	$5{\leqslant}L{<}10$	$L{\geqslant}10$	$2{\leqslant}L{<}5$	$5{\leqslant}L{<}15$	$L{\geqslant}15$
	允许个数	$6.0{\times}S$	$3.0{\times}S$	0	$9.0{\times}S$	$4.0{\times}S$	0
杂物	长度范围（mm）	$2{\leqslant}L{<}3$		$L{\geqslant}3$	$2{\leqslant}L{<}3$		$L{\geqslant}3$
	允许个数	$1.0{\times}S$		0	$2.0{\times}S$		0
线条	长度范围（mm）	不允许			长度 $100{\leqslant}L{<}200$，宽度 $W{<}0.5$		
	允许个数				$3.0{\times}S$		
皱纹	目测可见	不允许			边部 50 mm 以内轻微的允许存在		
压痕	长度范围（mm）	不允许			$2{\leqslant}L{<}5$		$L{\geqslant}5$
	允许个数				$2.0{\times}S$		0
划伤	长度范围（mm）	不允许			长度 $L{\leqslant}60$，宽度 $W{<}0.5$		
	允许个数				$3.0{\times}S$		
裂纹	目测可见	不允许					
断面缺陷	爆边、凹凸缺角等	不应超过玻璃的厚度					

注:1. L 表示相应缺陷的长度，S 是以平方米为单位的玻璃板的面积，气泡、杂物、压痕和划伤的数量允许
　　上限值是以 S 乘以相应系数所得的数值，此数值应按《数值修约规则与极限数值的表示和判定》
　　(GB/T 8170—2008)修约至整数。
　　2. 对于 2 mm 以下的气泡，在直径为 100 mm 的圆内不允许超过 8 个。
　　3. 破坏性的杂物不允许存在。

3. 夹丝玻璃

(1)丝网要求。夹丝玻璃所用的金属丝网和金属丝线分为普通钢丝和特殊钢丝两种，普通钢丝直径为 0.4 mm 以上，特殊钢丝直径为 0.3 mm 以上。夹丝网玻璃应采用经过处理的点焊金属丝网。

(2)尺寸偏差。长度和宽度允许偏差为±4.0 mm。

(3)厚度偏差。厚度允许偏差应符合表 1-21 的规定。

表 1-21　夹丝厚度允许偏差　　　　　　　　　　（单位:mm）

厚度	允许偏差范围	
	优等品	一等品、合格品
6	±0.5	±0.6

厚　度	允许偏差范围	
	优等品	一等品、合格品
7	±0.6	±0.7
10	±0.9	±1.0

(4)弯曲度。夹丝压花玻璃应在 1.0% 以内；夹丝磨光玻璃应在 0.5% 以内。

(5)玻璃边部凸出、缺口、缺角和偏斜。玻璃边部凸出、缺口的尺寸不得超过 6 mm，偏斜的尺寸不得超过 4 mm。一片玻璃只允许有一个缺角，缺角的深度不得超过 6 mm。

(6)外观质量。产品外观质量应符合表 1-22 的规定。

表 1-22　夹丝玻璃外观质量

项目	说　明	优等品	一等品	合格品
气泡	直径 3~6 mm 的圆泡，每平方米面积内允许个数	5	数量不限，但不允许密集	
	长泡，每平方米面积内允许个数	长 6~8 mm，2 个	长 6~10 mm，10 个	长 6~10 mm，10 个 长 6~20 mm，4 个
花纹变形	花纹变形程序	不许有明显的花纹变形		不规定
异物	破坏性的	不允许		
	直径 0.5~2 mm 非破坏性的，每平方米面积内允许个数	3	5	10
裂纹	—	目测不能识别		不影响使用
磨伤	—	轻微		不影响使用
金属丝	金属丝夹入玻璃中的状态	应完全夹入玻璃内，不得露出表面		
	脱焊	不允许	距边部 30 mm 内不限	距边部 100 mm 内不限
	断线	不允许		
	接头	不允许	目测看不见	

(7)防火性能。夹丝玻璃用做防火门、窗等镶嵌材料时，其防火性能应达到《高层民用建筑设计防火规范》(GB 50045—1995)(2005 年版)规定的耐火极限要求。

(8)特殊要求。用户对产品尺寸、厚度、外观若有特殊要求时，可与生产厂共同协商后在合同中规定。

4. 夹层玻璃

(1)分类。

1)按形状分类。

①平面夹层玻璃。

②曲面夹层玻璃。

2)按性能分类。

①Ⅰ类夹层玻璃。

②Ⅱ-1类夹层玻璃。

③Ⅱ-2类夹层玻璃；

④Ⅲ类夹层玻璃。

(2)外观质量。

1)裂纹不允许存在。

2)爆边长度或宽度不得超过玻璃的厚度。

3)划伤和磨伤不得影响使用。

4)脱胶不允许存在。

5)气泡、中间层杂质及其他可观察到的不透明物等缺陷允许个数须符合表1-23的规定。

表1-23　允许缺陷数

缺陷尺寸 λ(mm)			0.5<λ≤1.0	1.0<λ≤3.0			
板面面积 S(m²)			S 不限	S≤1	1<S≤2	2<S≤8	S≥8
允许的缺陷数(个)	玻璃层数	2 层	不得密集存在	1	2	1/m²	1.2/m²
		3 层		2	3	1.5/m²	1.8/m²
		4 层		3	5	2/m²	2.4/m²
		≥5 层		4	5	2.5/m²	3/m²

注:1. 不大于 0.5 mm 的缺陷不予以考虑,不允许出现大于 3 mm 的缺陷。

2. 当出现下列情况之一时,视为密集存在。

1)2 层玻璃时,出现 4 个或 4 个以上的缺陷,且彼此相距不到 200 mm。

2)3 层玻璃时,出现 4 个或 4 个以上的缺陷,且彼此相距不到 180 mm。

3)4 层玻璃时,出现 4 个或 4 个以上的缺陷,且彼此相距不到 150 mm。

4)5 层以上玻璃时,出现 4 个或 4 个以上的缺陷,且彼此相距不到 100 mm。

3. 单层中间层厚度大于 2 mm 时,此表允许缺陷数增加 1。

(3)尺寸允许偏差。

1)平面夹层玻璃长度及宽度的允许偏差应符合表1-24的规定。

表1-24　长度及宽度及允许偏差　　　　　　　　　　(单位:mm)

公称尺寸(边长 L)	公称厚度≤8	公称厚度>8	
		每块玻璃公称厚度<10	至少一块玻璃公称厚度≥10
L≤1 100	+2.0 -2.0	+2.5 -2.0	+3.5 -2.5
1 100<L≤1 500	+3.0 -2.0	+3.5 -2.0	+4.5 -3.0
1 500<L≤2 000	+3.0 -2.0	+3.5 -2.0	+5.0 -3.5

公称尺寸(边长 L)	公称厚度≤8	公称厚度>8	
		每块玻璃公称厚度<10	至少一块玻璃公称厚度≥10
2 000<L≤2 500	+4.5 -2.5	+5.0 -3.0	+6.0 -4.0
L>2 500	+5.0 -3.0	+5.5 -3.5	+6.5 -4.5

一边长度超过 2 400 mm 的制品、多层制品、原片玻璃总厚度超过 24 mm 的制品、使用钢化玻璃作原片玻璃的制品及其他特殊形状的制品,其尺寸允许偏差由供需双方商定。

2)叠差。夹层玻璃最大允许叠差应符合表 1-25 的规定。

表 1-25 最大允许叠差 (单位:mm)

长度或宽度 L	最大允许叠差 δ
L<1 000	2.0
1 000≤L<2 000	3.0
2 000≤L<4 000	4.0
L≥4 000	6.0

3)厚度。对于多层制品、原片玻璃总厚度超过 24 mm 及使用钢化玻璃作为原片时,其厚度允许偏差由供需双方商定。

①干法夹层玻璃的厚度偏差。干法夹层玻璃的厚度偏差不能超过构成夹层玻璃的原片允许偏差和中间层允许偏差之和。中间层总厚度小于 2 mm 时,其允许偏差不予考虑。中间层总厚度大于 2 mm 时,其允许偏差为±0.2 mm。

②湿法夹层玻璃的厚度偏差。湿法夹层玻璃的厚度偏差不能超过构成夹层玻璃的原片允许偏差与中间层的允许偏差之和。中间层的允许偏差应符合表 1-26 的规定。

表 1-26 湿法夹层玻璃中间层的允许偏差 (单位:mm)

中间层厚度 d	允许偏差 δ
d<1	±0.4
1≤d<2	±0.5
2≤d<3	±0.6
d≥3	±0.7

4)对角线偏差。对矩形夹层玻璃制品,一边长度小于 2 400 mm 时,其对角线偏差不得大于 4 mm,一边长度大于 2 400 mm 时,其对角线偏差由供需双方商定。

(4)弯曲度。平面夹层玻璃的弯曲度不得超过 0.3%。使用夹丝玻璃或钢化玻璃制作的夹层玻璃由供需双方商定。

(5)可见光透射比。可见光透射比由供需双方商定。取 3 块试样进行试验,3 块试样均符合要求时为合格。

(6)可见光反射比。可见光反射比由供需双方商定。取 3 块试样进行试验,3 块试样均符合要求时为合格。

(7)耐热性。试验后允许试样存在裂口,但超出边部或裂口 13 mm 部分不能产生气泡或其他缺陷。取 3 块试样进行试验,3 块试样全部符合要求时为合格,1 块符合时为不合格;当 2 块试样符合时,再追加试验 3 块新试样,3 块全部符合要求时则为合格。

(8)耐湿性。试验后超出原始边 15 mm、新切边 25 mm、裂口 10 mm 部分不能产生气泡或其他缺陷。取 3 块试样进行试验,3 块试样全部符合要求时为合格,1 块符合时为不合格;当 2 块试样符合时,再追加试验 3 块新试样,全部符合时则为合格。

(9)耐辐射性。试验后要求试样不可产生显著变色、气泡及浑浊现象。

可见光透射比相对减少率 ΔT 应不大于 10%:

$$\Delta T = \frac{T_1 - T_2}{T_1} \times 100\%$$

式中　ΔT——可见光透射比相对减少率;

　　　T_1——紫外线照射前的可见光透射比;

　　　T_2——紫外线照射后的可见光透射比。

使用压花玻璃作原片的夹层玻璃对可见光透射比不作要求。

取 3 块试样进行试验,3 块试样全部符合要求时为合格,1 块符合时为不合格;当 2 块试样符合时,再追加试验 3 块新试样,全部符合时则为合格。

(10)落球冲击剥离性能。试验后中间层不得断裂或不得因碎片的剥落而暴露。钢化夹层玻璃、夹层玻璃、总厚度超过 16 mm 的夹层玻璃及原片在 3 片或 3 片以上的夹层玻璃由供需双方商定。

取 6 块试样进行试验,当 5 块或 5 块以上符合时为合格,3 块或 3 块以下符合时为不合格;当 4 块试样符合时,再追加试验 6 块新试样,6 块全部符合要求时为合格。

(11)霰弹袋冲击性能。取 4 块试样进行试验,4 块试样均应符合表 1-27 的规定。该项不适用于评价比试样尺寸或面积大得多的制品。

表 1-27　霰弹袋冲击性能

种 类	冲击高度(mm)	结 果 判 定
Ⅱ－2 类	1 200	试样不破坏;如试样破坏,破坏部分不应存在断裂或使直径 75 mm 球自
Ⅱ－2 类	750	由通过的孔
Ⅲ类	300→450→ 600→750→ 900→120	需同时满足以下要求: (1)破坏时,允许出现裂缝和碎裂物,但不允许出现断裂或产生使 75 mm 球自由通过的孔; (2)在不同高度冲击后发生崩裂而产生碎片时,称量试验后 5 min 内掉下来的 10 块最大碎片,其质量不得超过 65 cm² 面积内原始试样的质量; (3)1 200 mm 冲击后,试样不一定保留在试验框内,但应保持完整

(12)抗风压性能。应由供需双方商定是否有必要进行本项试验,以便合理选择给定风载条件下适宜的夹层玻璃厚度,或验证所选定的玻璃厚度及面积能否满足设计抗风压值的要求。

5. 中空玻璃

中空玻璃是两片或多片玻璃其周边用间隔框分开,并用密封胶密封,使玻璃层间形成有干燥气体空间的玻璃。中空玻璃原片玻璃厚度可采用 3 mm、4 mm、5 mm、6 mm、8 mm、10 mm、12 mm 的厚度,空气层厚度可采用 6 mm、9 mm、12 mm 的厚度。

常用中空玻璃形状和最大尺寸见表 1-28。

表 1-28　常用中空玻璃形状和最大尺寸允许偏差

玻璃厚度 (mm)	间隔厚度 (mm)	长边最大 尺寸(mm)	短边最大尺寸 (正方形除外)(mm)	最大面积 (m²)	正方形边长最大 尺寸(mm)
3	6	2 110	1 270	2.4	1 270
	9~12	2 110	1 270	2.4	1 270
4	6	2 420	1 300	2.86	1 300
	9~10	2 440	1 300	3.17	1 300
	12~20	2 440	1 300	3.17	1 300
5	6	3 000	1 750	4.00	1 750
	9~10	3 000	1 750	4.80	2 100
	12~20	3 000	1 815	5.10	2 100
6	6	4 550	1 980	5.88	2 000
	9~10	4 550	2 280	8.54	2 440
	12~20	4 550	2 440	9.00	2 440
10	6	4 270	2 000	8.54	2 440
	9~10	5 000	3 000	15.00	3 000
	12~20	5 000	3 180	15.90	3 250
12	12~20	5 000	3 180	15.90	3 250

(1)材料。

1)玻璃可采用平板玻璃、夹层玻璃、钢化玻璃、幕墙用钢化玻璃和半钢化玻璃、着色玻璃、镀膜玻璃和压花玻璃等。

2)密封胶应符合相关标准规定。

3)胶条。用塑性密封胶制成的含有干燥剂和波浪形铝带的胶条,其性能应符合相应标准规定。

4)间隔框。使用金属间隔框时应去污或进行化学处理。

5)干燥剂。干燥剂质量、性能应符合相应标准规定。

(2)中空玻璃的长度及宽度允许偏差见表 1-29。

表 1-29　中空玻璃长、宽度允许偏差　　　　　　　　　　　　　　(单位:mm)

长(宽)度 L	允许偏差
L<1 000	±2
1 000≤L<2 000	+2 −3
L≥2 000	±3

(3)中空玻璃厚度的允许偏差。中空玻璃厚度的允许偏差见表1-30。

表1-30　中空玻璃厚度允许偏差　　　　(单位:mm)

公称厚度 t	允许偏差
$t<17$	± 1.0
$17\leqslant t<22$	± 1.5
$t\geqslant 22$	± 2.0

注:中空玻璃的公称厚度为玻璃原片的公称厚度与间隔层厚度之和。

(4)中空玻璃两对角线之差。正方形和矩形中空玻璃对角线之差应不大于对角线平均长度的0.2%。

(5)中空玻璃的胶层厚度。单道密封胶层厚度为(10±2)mm,双道密封外层密封胶层厚度为5~7 mm,如图1-1所示,胶条密封胶层厚度为(8±2)mm,如图1-2所示,特殊规格或有特殊要求的产品由供需双方商定(隐框幕墙中空玻璃第二道密封胶胶层厚度要按计算结果采用)。中空玻璃的间隔铝框可采用连续折弯型或插角型,不得使用热熔型间隔胶条。

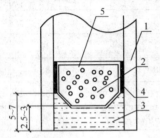

图1-1　密封胶厚度(单位:mm)

1—玻璃;2—干燥剂;3—外层密封胶;
4—内层密封胶;5—间隔框

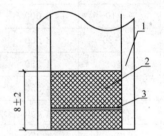

图1-2　胶层厚度(单位:mm)

1—玻璃;2—胶条;3—铝带

(6)外观要求。中空玻璃不得有妨碍透视的污迹、夹杂物及密封胶飞溅现象。

(7)密封性能。

1)20块4 mm+12 mm+4 mm试样全部满足以下两条规定的为合格:

①在试验压力低于环境气压(10±0.5)kPa下,初始偏差必须不小于0.8 mm;

②在该气压下保持2.5 h后,厚度偏差的减少应不超过初始偏差的15%。

2)20块5 mm+9 mm+5 mm试样全部满足以下两条规定的为合格:

①在试验压力低于环境气压(10±0.5)kPa下,初始偏差必须不小于0.5 mm;

②在该气压下保持2.5 h后,厚度偏差的减少应不超过初始偏差的15%。

3)其他厚度的样品要求由供需双方商定。

(8)露点。20块试样露点均不高于−40℃的为合格。

(9)耐紫外线辐射性能。2块试样紫外线照射168 h,试样内表面上均无结雾或污染的痕迹、玻璃原片无明显错位和产生胶条蠕变的为合格;如果有1块或2块试样不合格,可另取2块备用试样重新试验,2块试样均满足要求的为合格。

(10)气候循环耐久性能。试样经循环试验后进行露点测试,4块试样露点不高于−40℃的为合格。

(11)高温高湿耐久性能。试样经循环试验后进行露点测试,8块试样露点不高于−40℃的为合格。

第二节 常用抹灰材料

一、水 泥

1. 抹灰用水泥

水泥是一种典型的水硬性胶结材料,在抹灰工程施工中被广泛运用,作用巨大。在抹灰工程中,最常用的水泥有一般水泥和装饰水泥两种。

在抹灰工程中,常用的是硅酸盐水泥、普通硅酸盐水泥(简称普通水泥)、矿渣硅酸盐水泥、火山灰质硅酸盐水泥(简称火山灰水泥)和粉煤灰硅酸盐水泥(简称粉煤灰水泥)。

水泥加入适量的水调成水泥净浆后,经过一定时间,会逐渐变稠,失去塑性,称为初凝。开始具有强度时,称为终凝。凝结后强度继续增长,称为硬化。凝结时间,即指水泥净浆逐渐失去塑性的时间。

凝结(包括初凝与终凝)与硬化总称为硬化过程。水泥的硬化过程,就是水泥颗粒与水作用的过程。水泥的凝结时间对混凝土及砂浆的施工具有重要意义。凝结过快,混凝土和砂浆会很快失去流动性,以致无法浇筑和操作;反之,若凝结过于缓慢,则会影响施工进度。因此按规定,水泥初凝不得早于 45 min,终凝不得迟于 12 h。国产水泥,初凝一般为 1~3 h,终凝一般为 5~8 h。

水泥的强度等级的数值与水泥 28 d 抗压强度指标的最低值相同,硅酸盐水泥分为 3 个强度等级 6 个类型,即 42.5、42.5R、52.5、52.5R、62.5、62.5R。其他水泥也分为 3 个等级 6 个类型,即 32.5、32.5R、42.5、42.5R、52.5、52.5R。

2. 装饰水泥

装饰水泥有白色硅酸盐水泥和彩色硅酸盐水泥两种。

(1)白色硅酸盐水泥。凡以适当成分的生料烧至部分熔融,所得以硅酸钙为主要成分及含少量铁质的熟料,加入适量的石膏,磨成细粉,制成的白色水硬性胶结材料,称为白色硅酸盐水泥,简称白水泥。

白色水泥是一种人为限制氧化铁含量而使其具有白色使用特性的硅酸盐水泥。它与硅酸盐水泥的主要区别在于,氧化铁的含量比较少,在 0.35%~0.4% 以下,白色水泥有各种不同的级别及强度,初凝时间不得早于 45 min,终凝时间不得迟于 12 h。白色水泥的强度见表 1-31。

表 1-31 白色硅酸盐水泥的强度

强度等级	抗压强度		抗折强度	
	3 d	28 d	3 d	28 d
32.5 ·	12.0	32.5	3.0	6.0
42.5	17.0	42.5	3.5	6.5
52.5	22.0	52.5	4.0	7.0

白色水泥在使用中应注意保持工具的清洁,以免影响白度。在运输保管期间,不同强度等级、不同白度的水泥须分别存运,不得混杂,不得受潮。

(2)彩色硅酸盐水泥(简称彩色水泥)。

1)白水泥熟料加适量石膏和碱性颜料共同磨细而制得。以这种方法生产彩色水泥时,要求所用颜料不溶于水,分散性好,耐碱性强,具有一定的抗大气稳定性能,且掺入水泥中不会显著降低水泥的强度。通常情况下,多使用以氧化物为基础的各色颜料。

2)在白水泥生料中加入少量金属氧化物,直接烧成彩色水泥熟料,然后再加入适量石膏细磨而成。彩色水泥常用的颜料见表1-32。

表1-32 彩色水泥常用的颜料

颜　色	品种及成分
白	氧化钛(TiO_2)
红	合成氧化铁,铁丹(Fe_2O_3)
黄	合成氧化铁($Fe_2O_3 \cdot H_2O$)
绿	氧化铬(Cr_2O_3)
青	群青[$2(Al_2Na_2Si_3O_{10}) \cdot Na_2SO_4$],钛青($CoO \cdot nAl_2O_3$)
紫	钴[$Co_3(PO_4)_2$],紫氧化铁(Fe_2O_3 的高温烧成物)
黑	炭黑(C),合成氧化铁($Fe_2O_3 \cdot FeO$)

白色及彩色水泥主要用于建筑物的内外表面装饰,可制作成具有一定艺术效果的各种水磨石、水刷石及人造大理石,用以装饰地面、楼板、楼梯、墙面、柱子等。此外还可制成各色混凝土、彩色砂浆及各种装饰部件。

3. 水泥的性能指标和检验

水泥必须有出厂质量证明书,其中性能指标必须符合标准要求,包括密度和表观密度、细度、标准稠度用水量、凝结时间、安定性、强度等。

水泥的安定性对抹灰质量影响很大,如果安定性不合格,就会使已经硬化的水泥石中继续进行熟化,因体积膨胀使水泥产生裂缝、变形、酥松甚至破坏等体积变化不均匀的现象。因此在使用前必须做水泥安定性的复试,复试合格后方可使用。当使用的水泥出厂超过3个月时,必须经试验室对水泥的各项性能指标进行复试,复试合格后可以继续使用。

抹灰工程宜选用 32.5 级和 42.5 级普通硅酸盐水泥、42.5 级硅酸盐水泥,其强度见表 1-33 和表 1-34。

表1-33 32.5级、42.5级普通硅酸盐水泥强度标准　　　　　　　　　(单位:MPa)

强度等级 \ 龄期 指标	3 d		7 d		28 d	
	抗压	抗折	抗压	抗折	抗压	抗折
32.5	11.8	2.5	18.6	3.6	31.9	5.4
42.5	15.7	3.3	24.5	4.5	41.7	6.3
42.5R	21.0	4.1	—	—	41.7	6.3

表 1-34 42.5 级硅酸盐水泥强度标准 （单位：MPa）

龄期 / 指标 / 强度等级	3 d		7 d		28 d	
	抗压	抗折	抗压	抗折	抗压	抗折
42.5	17.7	3.3	26.5	4.5	41.7	6.3
42.5R	22.0	4.1	—	—	41.7	6.3

(1)硅酸盐水泥、普通水泥。硅酸盐水泥强度等级分为 42.5、42.5R、52.5、52.5R、62.5、62.5R；普通水泥强度等级分为 32.5、32.5R、42.5、42.5R、52.5、52.5R。

1)技术要求见表 1-35 和表 1-36。

表 1-35 硅酸盐水泥、普通水泥技术要求

项目	技术要求
不溶物	Ⅰ型硅酸盐水泥中不溶物不得超过 0.75%。 Ⅱ型硅酸盐水泥中不溶物不得超过 1.5%
烧失量	Ⅰ型硅酸盐水泥中烧失量不得大于 3.0%。 Ⅱ型硅酸盐水泥中烧失量不得大于 3.5%，普通水泥中烧失量不得大于 5.0%
氧化镁	水泥中氧化镁的含量不宜超过 5.0%。如果水泥经压蒸安定性试验合格，则水泥中氧化镁的含量允许放宽到 6.0%
三氧化硫	水泥中三氧化硫的含量不得超过 3.5%
细度	硅酸盐水泥比表面积大于 300 m^2/kg，普通水泥 80 μm 方孔筛筛余不得超过 10.0%
凝结时间	硅酸盐水泥初凝不得早于 45 min，终凝不得迟于 6.5 h。普通水泥初凝不得早于 45 min，终凝不得迟于 10 h
安定性	用沸煮法检验必须合格
强度等级	水泥强度等级按规定龄期的抗压强度和抗折强度来划分，各强度等级水泥的各龄期强度不得低于表 1-36 数值
碱	水泥中碱含量按 $Na_2O+0.658K_2O$ 计算值来表示。若使用活性集料，用户要求提供低碱水泥时，水泥中碱含量不得大于 0.6% 或由供需双方商定

表 1-36 水泥规定龄期的强度最低值 （单位：MPa）

品 种	强度等级	抗压强度		抗折强度	
		3 d	28 d	3 d	28 d
硅酸盐水泥	42.5	≥17.0	≥42.5	≥3.5	≥6.5
	42.5R	≥22.0		≥4.0	
	52.5	≥23.0	≥52.5	≥4.0	≥7.0
	52.5R	≥27.0		≥5.0	
	62.5	≥28.0	≥62.5	≥5.0	≥8.0
	62.5R	≥32.0		≥5.5	

品　种	强度等级	抗压强度		抗折强度	
		3 d	28 d	3 d	28 d
普能硅酸盐水泥	42.5	≥17.0	≥42.5	≥3.5	≥6.5
	42.5R	≥22.0		≥4.0	
	52.5	≥23.0	≥52.5	≥4.0	≥7.0
	52.5R	≥27.0		≥5.0	
矿渣硅酸盐水泥、火山灰硅酸盐水泥、粉煤灰硅酸盐水泥、复合硅酸盐水泥	32.5	≥10.0	≥32.5	≥2.5	≥5.5
	32.5R	≥15.0		≥3.5	
	42.5	≥15.0	≥42.5	≥3.5	≥6.5
	42.5R	≥19.0		≥4.0	
	52.5	≥21.0	≥52.5	≥4.0	≥7.0
	52.R	≥23.0		≥4.5	

2) 取样判定与验收见表 1-37。

表 1-37　硅酸盐水泥、普通水泥取样判定与验收

项目	内　容
取样原则	当散装水泥运输工具的容量超过该厂规定出厂编号吨数时,允许该编号的数量超过取样规定吨数。 取样应有代表性,可连续取,亦可从 20 个以上不同部位取等量样品,总量至少 12 kg
合格判定	凡氧化镁、三氧化硫、初凝时间、安定性中任一项不符合标准规定时,均为废品。 凡细度、终凝时间、不溶物和烧失量中的任一项不符合标准规定或混合材料掺加量超过了最大限量和强度低于商品强度等级的指标时为不合格品。水泥包装标志中水泥品种、强度等级、生产者名称和出厂编号不全的也属于不合格品
验收	以抽取实物试样的检验结果为验收依据时,买卖双方应在发货前或交货地共同取样和签封。取样方法按《水泥取样方法》(GB/T 12573—2008)进行,取样数量为 20 kg,缩分为二等份。一份由卖方保存 40 d,一份由买方按标准规定的项目和方法进检验。在 40 d 以内,买方检验认为产品质量不符合标准要求,而卖方又有异义时,则双方应将卖方保存的另一份试样送省级或省级以上国家认可的水泥质量监督检验机构进行仲裁检验。 以水泥厂同编号水泥的检验报告为验收依据时,在发货前或交货时买方在同编号水泥中抽取试样,双方共同签封后保存 3 个月;或委托卖方在同编号水泥中抽取试样,签封后保存 3 个月。在 3 个月内,买方对水泥质量有疑问时,则买卖双方应将签封的试样送省级或省级以上国家认可的水泥质量监督检验机构进行仲裁检验

(2) 矿渣水泥、火山灰水泥、粉煤灰水泥。矿渣水泥、火山灰水泥、粉煤灰水泥强度等级分

为 32.5 级、32.5R 级、42.5 级、42.5R 级、52.5 级、52.5R 级。

1）技术要求见表 1-38。

表 1-38　矿渣水泥、火山灰水泥、粉煤灰水泥技术要求

项目	技术要求
氧化镁	熟料中氧化镁的含量不宜超过 5.0%。如果水泥经压蒸安定性试验合格，则熟料中氧化镁的含量允许放宽到 6.0%。 注：熟料中氧化镁的含量为 5.0%～6.0%，如矿渣水泥中混合材料总掺量大于 40% 或火山灰水泥和粉煤灰水泥中混合材料掺加量大于 30%，制成的水泥可不做压蒸试验
三氧化硫	矿渣水泥中的三氧化硫的含量不得超过 4.0%；火山灰水泥和粉煤灰水泥中三氧化硫的含量不得超过 3.5%
细度	80 μm 方孔筛筛余不得超过 10.0%
凝结时间	初凝不得早于 45 min，终凝不得迟于 10 h
安定性	用沸煮法检验必须合格
强度等级	水泥强度等级按规定龄期的抗压强度和抗折强度来划分，各强度等级水泥的各龄期强度不得低于表 1-35 数值
碱	水泥中的碱含量 $Na_2O+0.658K_2O$ 计算值来表示。若使用活性集料要限制水泥中的碱含量时，由供需双方商定

2）取样判定与验收见表 1-39。

表 1-39　矿渣水泥、火山灰水泥、粉煤灰水泥取样判定与验收

项目	说　明
取样原则	当散装水泥运输工具的容量超过该厂规定出厂编号吨数时，允许该编号的数量超过取样规定吨数。 取样应有代表性，可连续取，亦可从 20 个以上不同部位取等量样品，总量至少 12 kg
合格判定	(1)凡氧化镁、三氧化硫、初凝时间、安定性中任一项不符合标准规定时，均为废品。 (2)凡细度、终凝时间中的任一项不符合标准规定或混合材料掺加量超过最大限量和强度低于商品强度等级的指标时为不合格品。水泥包装标志中水泥品种、强度等级、生产者名称和出厂编号不全的
验收	参见表 1-36

（3）复合硅酸盐水泥。复合硅酸盐水泥强度等级分为 32.5 级、32.5R 级、42.5 级、42.5R 级、52.5 级、52.5R 级。

1）技术要求见表 1-40。

表 1-40　复合硅酸盐水泥技术要求

项目	技术要求
氧化镁	熟料中氧化镁的含量不宜超过 5.0%。如水泥经压蒸安定性试验合格,则熟料中氧化镁的含量允许放宽到 6.0%
三氧化硫	水泥中三氧化硫的含量不得超过 3.5%
细度	80 μm 方孔筛筛余不得超过 10.0%
凝结时间	初凝不得早于 45 min,终凝不得迟于 10 h
安定性	用沸煮法检验必须合格
强度等级	水泥强度等级按规定龄期的抗压强度和抗折强度来划分,各强度等级水泥的各龄期强度不得低于表 1-35 数值
碱	水泥中的碱含量 $Na_2O+0.658K_2O$ 计算值来表示。若使用活性集料要限制水泥中的碱含量时,由供需双方商定

2)取样原则。当散装水泥运输工具的容量超过该厂规定出厂编号吨数时,允许该编号的数量超过取样规定吨数。取样应有代表性,可连续取,亦可从 20 个以上不同部分取等量样品,总量至少 12 kg。

3)合格判定。

①凡氧化镁、三氧化硫、初凝时间、安定性中任一项不符合标准规定时,均为废品。

②凡细度、终凝时间中的任一项不符合标准规定或混合材料掺加量超过最大限量和强度低于商品强度等级的指标时为不合格品。水泥包装标志中水泥品种、强度等级、生产者名称和出厂编号不全的也属于不合格品。

4)验收同硅酸盐水泥。

(4)水泥的运输与存放。

1)运输时,应注意防水、防潮,包装水泥应轻拿轻放。用一般车辆运输散装水泥时,应在车底铺设帆布防止泄漏,上盖篷布防止扬弃。

2)水泥仓库应保持干燥,外墙及屋顶不得有渗漏水现象。仓库内应按品种、批号、出厂日期、生产厂等分别堆放。

3)水泥的贮存期超过 3 个月,强度约降低 10%～20%,时间越长损失越大。因而水泥的贮存期不宜过长,尽量做到先来的先用。超过 3 个月的水泥应重新检验。

4)不同品种的水泥所含的矿物成分不同,化学物理特性也不同,在施工中不得将不同品种的水泥混合使用。

5)受潮水泥应根据其受潮程度处理后使用。

6)结块的水泥,使用时应先行粉碎,重新检验其强度,并加长搅拌时间。结块如较坚硬,应筛去硬块,将小颗粒粉碎,检验其强度。

二、石　灰

1. 概述

石灰是气硬性无机胶结材料,是用石灰岩(主要为碳酸钙)经 1 000℃～12 000℃高温煅烧分解而成的白色块状材料,也叫生石灰(氧化钙)或白灰。同时,能将它制成生石灰粉和石灰膏。石灰的原材料石灰石在我国分布很广,由于生产工艺简单,成本低廉,所以在建筑工程中是一种使用较早的矿物胶凝材料,应用范围广泛。

2. 石灰粉

建筑磨细生石灰粉应符合行业标准《建筑生石灰粉》(JC/T 480—1992)的有关规定。生石灰粉分为优等品、一等品和合格品,其技术指标应符合表1-41的规定。

表1-41　生石灰技术指标

项　目		钙质生石灰粉			镁质生石灰粉		
		优等品	一等品	合格品	优等品	一等品	合格品
$CaO+MgO$ 含量(%),≥		85	80	75	80	75	70
CO_2 含量(%),≤		7	9	11	8	10	12
细度	0.90 mm 筛的筛余(%),≤	0.2	0.5	1.5	0.2	0.5	1.5
	0.125 mm 筛的筛余(%),≤	7.0	12.0	18.0	7.0	12.0	18.0

3. 石灰膏

生石灰与水作用后成为熟石灰(氢氧化钙)。加水少成为石灰粉,加水多成为石灰膏。建筑工地常用灰池熟化石灰;在浅池里加水熟化石灰成稀释浆,叫淋灰,将稀浆过滤流入深池(浆池)中沉淀,将表面水排出后即成石灰膏。

4. 石灰质量与外观质量要求

石灰的质量标准见表1-42,石灰的质量鉴别见表1-43。

表1-42　石灰质量标准

指标名称		块灰		生石灰粉		水化石灰		石灰浆	
		一等	二等	一等	二等	一等	二等	一等	二等
活性氧化钙及氧化镁之和(干重)(%),≥		90	75	90	75	70	60	70	60
未烧透颗粒含量(干重)(%),≤		10	12				8	12	
每1 kg石灰的产浆量(L),≥		2.2	1.8	暂不规定					
块灰内细粒的含量(干重)(%),≤		8	10	暂不规定					
标准筛上遗留量(干重)(%)	900 孔(cm^2)筛,≤	无规定		3	5	5	5	无规定	无规定
	4 900 孔(cm^2)筛,≤	无规定		25	25	10	5	无规定	无规定

表1-43　石灰的外观质量鉴别

特征	新鲜灰	过火灰	欠火灰
颜色	白色或灰黄色	色暗带灰黑色	中部颜色比边部深
质量	轻	重	重

特征	新鲜灰	过火灰	欠火灰
硬度	疏松	质硬	外部疏松,中部硬
断面	均一	玻璃状	中部与边缘不同

5. 石灰的存放

一般而言,石灰不宜在潮湿的环境下使用。这是因为石灰受潮就会降低强度,遇水则溶解溃散。生石灰极易吸收空气中的水分而自行水化,并与空气中二氧化碳作用还原为白色粉末状的碳酸钙,而失去黏结能力。因此,必须堆放在地势较高,防潮防水较好的地面。生石灰遇水发生消化反应时,能够释放出大量的热,故不得与易燃、易爆及液体物品混存混运。生石灰不宜长期存放,保管期不宜超过 1 个月。

实践证明,碳酸盐化过程必须在一定的湿度下才能进行。但石灰在水中或与水接触的环境中,不但不能硬化而且还会被水溶解流失,因此不宜在与水接触情况下使用,已冻结风化的石灰膏不得使用。生石灰易受潮熟化成粉,所以贮运时要注意防水防潮。由于生石灰熟化时大量放热,间有石块爆裂,淋灰时要注意安全防护。

三、石 膏

1. 概述

石膏是一种以硫酸钙为主要成分的气硬性胶凝材料。石膏及其制品具有质轻、吸音、吸湿、阻火、形体饱满、表面平整细腻、装饰性好、容易加工的优点。石膏按其用途及煅烧程度不同,分为建筑石膏、模型石膏、高强石膏(包括地板石膏和硬结石膏)。

2. 建筑石膏

建筑石膏,又称熟石膏或半水石膏,是用天然二水石膏(生石膏)、天然无水石膏(硬石膏)或以硫酸钙为主要成分的工业废料(工业度石膏)经煅烧磨细而成的白色粉末。

建筑石膏色白,相对密度为 2.60～2.75,疏松容重为 800～1 000 kg/m³。在建筑工程中常用的有建筑石膏(粉刷石膏)、模型石膏、地板石膏、高强石膏四种。建筑工程上应用的是建筑石膏,等级分为优等、一等和合格。

建筑石膏(粉刷石膏)适用于室内装饰以及隔热、保温、吸音和防火等饰面,但不宜靠近 60℃以上高温,因为二水石膏在此温度时将开始脱水分解。

建筑石膏硬化后具有很强的吸湿性,在潮湿环境中,晶体间黏结力削弱,强度显著降低;遇水则晶体溶解而引起破坏;吸水后受冻,会因孔隙中水分结冰而崩裂。所以,建筑石膏的耐水性和耐寒性都比较差,不宜在室外装饰工程中使用。

粉刷石膏的分类及性能见表 1-44。粉刷石膏的强度不能小于表 1-45 规定的值。

表 1-44 粉刷石膏分类及性能

分 类		用途	强度(MPa)			初凝时间 (min)	保水率(%)		热导率 [W/(m·K)]
			$R_压$	$R_折$	$R_剪$		10 min	60 min	
I	半水石膏型	面层	3.0	1.5	—	90	>85	>75	0.105 2
		底层	2.8	1.5	—	90	>80	>70	
		保温层	2.5	1.2	—	60	>80	>75	

分　类		用　途	强度(MPa)			初凝时间 (min)	保水率(%)		热导率 [W/(m·K)]
			$R_压$	$R_折$	$R_剪$		10 min	60 min	
Ⅱ	无水石膏型	面层	1.4	6.4	0.5	120	>80	>65	0.113 7
		底层	6.1	3.2	0.3	140	>80	>65	
		保温层	3.0	1.5	0.2	120	>80	>65	
Ⅲ	半水、无水 石膏混合型	面层	5.9	1.7	0.3	90	>80	>65	0.108 7
		底层	2.8	1.5	0.2	100	>80	>65	
		保温层	2.5	1.2	—	60	>80	>65	

注:底层均以石膏∶砂＝1∶2混合料为准。

表 1-45　粉刷石膏的强度　　　　　　　　　　　　　(单位:MPa)

产品类型	面层粉刷石膏			底层粉刷石膏			保温层粉刷石膏	
等级	优等品	一等品	合格品	优等品	一等品	合格品	优等品	一等品、合格品
抗折强度	3.0	2.0	1.0	2.5	1.5	0.8	1.5	0.6
抗压强度	5.0	3.5	2.5	4.0	3.0	2.0	2.5	1.0

因石膏极易受潮变硬,故在运输和贮存时不要弄破装袋,贮存的仓棚要防潮防雨,堆垛应离地 40 cm、离墙 30 cm。如石膏颜色变黄,便已受潮,应妥善处理。石膏凝结较快,但可根据施工要求调整其凝结时间,欲加速可掺少量磨细的未经煅烧的石膏,欲缓慢可掺入为水重 0.1%～0.2% 的胶或亚硫酸盐、酒精废渣、硼砂等。

四、粉煤灰

1. 概述

(1)粉煤灰原为火力发电厂燃烧煤粉后排放的废渣。20 世纪 80 年代中期已作为一种常用的建筑材料广泛用于工程上。

(2)粉煤灰的质量要求。

1)粉煤灰的质量指标见表 1-46。

表 1-46　拌制水泥混凝土和砂浆用粉煤灰的质量指标

项　目		技术要求		
		Ⅰ级	Ⅱ级	Ⅲ级
细度(45 μm 方孔筛筛余)(%),≤	F 类粉煤灰	12.0	25.0	45.0
	C 类粉煤灰			
需水量比(%),≤	F 类粉煤灰	95	105	115
	C 类粉煤灰			
烧失量(%),≤	F 类粉煤灰	5.0	8.0	15.0
	C 类粉煤灰			

项　目		技术要求		
		Ⅰ级	Ⅱ级	Ⅲ级
含水量(%)，≤	F类粉煤灰	1.0		
	C类粉煤灰			
三氧化硫(%)，≤	F类粉煤灰	3.0		
	C类粉煤灰			
氢氧化钙(%)，≤	F类粉煤灰	1.0		
	C类粉煤灰	4.0		
安全性 霍氏夹沸煮后增加距离(mm)，≤	C类粉煤灰	5.0		

2)必须获取供料单位关于粉煤灰化学成分测试报告及与其他材料混合料的强度试验报告，出厂合格证(内容：厂名和批号；合格证编号及日期；粉煤灰的级别及数量)。

3)应严格控制混凝土中的粉煤灰掺量，并抽检相关试块强度，确保强度指标符合设计要求。

4)粉煤灰砂浆宜采用机械搅拌，保证拌和物均匀。砂浆各组分的计量允许误差(按质量计)为：水泥土2%，粉煤灰、石灰膏和细骨料±5%，总搅拌时间≥2 min。

5)粉煤灰散装运输时，必须采取措施，防止污染环境。

6)干粉煤灰应贮存在有顶盖的料仓中，湿粉煤灰可堆放在带有围墙的场地上。

7)袋装粉煤灰的包装袋上应清楚表明"粉煤灰"、厂名等级、批号及包装日期。

2. 粉煤灰组批与取样

(1)以连续供应的200 t相同等级的粉煤灰为一批。不足200 t者按一批论，粉煤灰的数量按干灰(含水量小于1%)的质量计算。

(2)取样方法。

1)散装灰取样。从运输工具、贮灰库或堆场中的不同部位取15份试样，每份试样为1～3 kg，混合拌匀，按四分法，缩取出比试验所需量大一倍的试样(称为平均样)。

2)袋装灰取样。从每批任抽10袋，从每袋中分取试样不少于1 kg，按(1)的方法混合缩取平均试样。

(3)复验时应做细度、烧失量和含水量检验。符合表的要求为合格品，若其中任一项不符合要求，则应重新从同一批中加倍取样，进行复验，复验仍不合格时，则该粉煤灰应及时处理。

第三节　其他材料

一、轻钢龙骨

1. 吊顶轻钢龙骨的形状及规格

吊顶轻钢龙骨的形状及规格尺寸见表1-47。

表 1-47　吊顶轻钢龙骨的形状及规格尺寸　　　　　　（单位：mm）

类　别	品　种		规　格	备　注
吊顶龙骨	U形龙骨	承载龙骨	$A \times B \times t$ 38×12×1.0 50×15×1.2 60×B×1.2	$B=24\sim30$
	C形龙骨	承载龙骨	$A \times B \times t$ 38×12×1.0 50×15×1.2 60×B×1.2	
		覆面龙骨	$A \times B \times t$ 50×19×0.5 60×27×0.6	—
	T形龙骨	主龙骨	$A \times B \times t_1 \times t_2$ 24×38×0.27×0.27 24×32×0.27×0.27 14×32×0.27×0.27	(1)中型承载龙骨$B \geq 38$，轻型承载龙骨$B<38$； (2)龙骨由一整片钢板（带）成型时，规格为 $A \times B \times t$
		次龙骨	$A \times B \times t_1 \times t_2$ 24×38×0.27×0.27 24×25×0.27×0.27 14×25×0.27×0.27	
	H形龙骨		$A \times B \times t$ 20×20×0.3	—
	V形龙骨	承载龙骨	$A \times B \times t$ 20×37×0.8	造型用龙骨规格为20×20×1.0
		覆面龙骨	$A \times B \times t$ 49×19×0.5	—
	L形龙骨	承载龙骨	$A \times B \times t$ 20×43×0.8	—
		收边龙骨	$A \times B_1 \times B_2 \times t$ $A \times B_1 \times B_2 \times 0.4$ $A \geq 20$；$B_1 \geq 25$、$B_2 \geq 20$	—
		边龙骨	$A \times B \times t$ $A \times B \times 0.4$ $A \geq 14$；$B \geq 20$	—

2. 力学性能

吊顶龙骨组件的力学性能应符合表 1-48 的规定。

表 1-48　吊顶龙骨组件的力学性能

类　别	项　目		要　求
U、C、V、L 形（不包括造型用 V 形龙骨）	静载试验	覆面龙骨	加载挠度不大于 5.0 mm 残余变形量不大于 1.0 mm
		承载龙骨	加载挠度不大于 4.0 mm 残余变形量不大于 1.0 mm
T、H 形		主龙骨	加载挠度不大于 2.8 mm

二、饰面材料

1. 装饰石膏板

装饰石膏板的物理学性能见表 1-49。

表 1-49　装饰石膏板的物理学性能

序号	项　目		指标					
			P,K,FP,FK			D,FD		
			平均值	最大值	最小值	平均值	最大值	最小值
1	单位面积质量（kg/m²），≤	厚度 9 mm	10.0	11.0	—	13.0	14.0	—
		厚度 11 mm	12.0	13.0	—	—	—	—
2	含水率(%)，≤		2.5	3.0	—	2.5	3.0	—
3	吸水率(%)，≤		8.0	9.0	—	8.0	9.0	—
4	断裂荷载(N)，≥		147	—	132	167	—	150
5	受潮挠度(mm)，≤		10	12	—	10	12	—

注:D 和 FD 的厚度系指棱边厚度。

2. 吸声穿孔石膏板

吸声穿孔石膏板是吸声穿孔纸面石膏板和吸声穿孔装饰石膏板的统称。它是以建筑石膏为主要原料掺入适量纤维增强材料和外加剂,与水混合,经强制搅拌作为芯材,浇筑于两层护面纸之间成型,经辊压、切割、干燥后,由专用冲孔机冲打孔眼,再经切割,背面粘贴背覆材料而成。具有质轻、隔热、防火、吸声、装饰等特点。

(1)产品分类。

1)棱边形状。板材棱边形状分直角形和倒角形两种。

2)规格尺寸。边长规格为 500 mm×500 mm 和 600 mm×600 mm,厚度规格为 9 mm 和 11 mm,其他形状和规格的板材,由供需双方定。

孔径、孔距与穿孔率规格见表 1-50。

表 1-50　孔径、孔距与穿孔率

孔径(mm)	孔距(mm)	穿孔率(%)	
		孔眼正方形排列	孔眼三角形排列
φ6	18	8.7	10.1
	22	5.8	6.7
	24	4.9	5.7
φ8	22	10.4	12.0
	24	8.7	10.1
φ10	24	13.6	15.7

3)基板与背覆材料。根据板材的基板不同和有无背覆材料,其分类及代号见表 1-51。

表 1-51　基板与背覆材料

基板与代号	背覆材料代号	板类代号
装饰石膏板 K	W(无);Y(有)	WK,YK
纸面石膏板 C		WC,YC

(2)技术要求。

1)使用条件。吸声用穿孔石膏板主要用于室内吊顶和墙体的吸声结构中。在潮湿环境中使用或对耐火性能有较高要求时,则应采用相应的防潮、耐水或耐火基板。

2)外观质量。吸声用穿孔石膏板不应有影响使用和装饰效果的缺陷,对以纸面石膏板为基板的板材不应有破损、划伤、污痕、凹凸、纸面剥落等缺陷;对以装饰石膏板为基板的板材不应有裂纹、污痕、气孔、缺角、色彩不均匀等缺陷。穿孔应垂直于板面。棱边形状为直角形的板材,侧面应与板面成直角。

3)吸声穿孔石膏板尺寸允许偏差。板材的尺寸允许偏差应不大于表 1-52 的规定。

表 1-52　吸声穿孔石膏板尺寸允许偏差　　　　　(单位:mm)

项　　目	技术指标
边长	+1 -2
厚度	±1.0
不平度	≤2.0
直角偏离度	≤1.2
孔径	±0.6
孔距	±0.6

4)含水率。板材的含水率应不大于表 1-53 的规定。

表 1-53 含 水 率 （%）

含水率	技术指标
平均值	2.5
最大值	3.0

5）断裂荷载。板材的断裂不应低于表 1-54 的规定。

表 1-54 断裂荷载 （单位：N）

孔径/孔距 （mm）	板厚 （mm）	技术指标	
		平均值	最小值
ϕ6/18 ϕ6/22 ϕ6/24	9	90	81
	12	100	90
ϕ8/22 ϕ8/24	9	90	81
	12	100	90
ϕ10/24	9	80	72
	12	90	81

6）护面纸与石膏芯的黏结。以纸面石膏板为基板的板材，护面纸与石膏芯的黏结按规定的方法测定时，不允许石膏芯裸露。

3. 嵌装式装饰石膏板

嵌装式装饰石膏板，是以建筑石膏为主要原料，掺入适量的纤维增强材料和外加剂，与水一起搅拌成均匀的料浆，经浇筑成型、干燥而成的不带护面纸的板材。板材背面四周加厚并有嵌装企口，板材正面可为平面、带孔或带有一定深度的浮雕花纹图案，并据此达到吸声和装饰效果。它包括穿孔嵌装式装饰石膏板和嵌装式吸声石膏板，以带有一定数量的穿通孔洞的嵌装式装饰石膏板为面板，在背面复合吸声材料，使其具有一定吸声特性。这种板材具有质轻、高强、吸声、防潮、阻燃、可调节室内温度等特点，并且可锯、可钉、可刨、可黏结。

（1）产品规格。嵌装式装饰石膏板为正方形，其棱边断面形式有直角形、45°倒角形。规格有 600 mm×600 mm，边厚不小于 28 mm；边长 500 mm×500 mm，边厚不小于 25 mm。

（2）主要性能。断裂荷载 150～450 N，抗折强度 2.4～5.0 N/mm²，吸水率 3%，导热系数 0.2 W/(m·K)。

4. 矿物棉装饰吸声板

（1）规格尺寸。常用规格尺寸见表 1-55。

表 1-55 常用规格尺寸 （单位：mm）

长 度	宽 度	厚 度
600,1 200,1 800	300,400,600	9,12,15,18,20

注：其他规格由供需双方协商确定。

（2）要求。

1）外观质量。矿物棉装饰吸声板的正面不得有影响装饰效果的污痕、色彩不均、图案不完整等缺陷。产品不得有裂纹、碎片、翘曲、扭曲,不得有妨碍使用及装饰效果的缺角缺棱。

2)矿物棉装饰吸声板尺寸允许偏差。吸声板的尺寸允许偏差应符合表 1-56 规定。

表 1-56　矿物棉装饰吸声板尺寸允许偏差

项　　目	加工级别及吊装方式			
	精加工		精加工	混合加工
	复合粘贴板及暗架板	明架板	明架平板	明暗架板
长度①(mm)	±0.5	±1.5	±2.0	±2.0
宽度①(mm)				±0.5
厚度①(mm)	±0.5	±1.0	±1.0	
直角偏离度	≤1/1 000	≤2/1 000	≤3/1 000	

注:①实际尺寸。

3)体积密度。吸声板的体积密度应不大于 500 kg/m³。

4)含水率。吸声板的含水率应不大于 3%。

5)弯曲破坏荷载。吸声板的弯曲破坏荷载应符合表 1-57 的规定。

表 1-57　弯曲破坏荷载

厚　　度(mm)	弯曲破坏荷载(N)	厚　　度(mm)	弯曲破坏荷载(N)
9	≥40	15	≥90
12	≥60	18	≥130

注:特殊厚度的弯曲破坏荷载,由供需双方商定。

6)燃烧性能。吸声板的燃烧性能应达到《建筑材料及制品燃烧性能分级》(GB 8624—2006)要求的 B1 级,要求燃烧性能达 A 级的产品,由供需双方商定。

7)降噪系数。降噪系数应符合表 1-58 的规定。除非另有规定,混响室法为仲裁试验方法。

表 1-58　降噪系数

类　　别		降噪系数(NRC)	
		混响室法(刚性壁)	阻抗管法(后空腔 500 mm)
湿法板	滚花	≥0.50	≥0.25
	其他	≥0.30	≥0.15
干法板		≥0.60	≥0.30

8)受潮挠度。湿法吸声板的受潮挠度应不大于 3.5 mm,干法吸声板的受潮挠度应不大于 1.0 mm。

5. 贴塑矿(岩)棉吸声板

贴塑矿(岩)棉吸声板,是以半硬质矿棉板或岩面板做基层,表面覆贴加制凹凸花纹的聚氯乙烯半硬质膜片而成,具有吸声、隔热、不燃、低密度和美观大方的特点。

(1)规格尺寸有 500 mm×500 mm×12 mm、1 000 mm×500 mm×25 mm等。

（2）外观质量要求同"矿物棉装饰吸声板"。

6. 膨胀珍珠岩装饰吸声板

膨胀珍珠岩装饰吸声板，是以膨胀珍珠岩为骨料，配合适量的胶粘剂，经过搅拌、成型、干燥、烘烤或养护而成的多孔吸声板材，表面可以喷涂各种涂料，亦可进行漆化处理（防潮）。以所用胶粘剂分为水泥珍珠岩吸声板、石棉珍珠岩吸声板、聚合物珍珠岩吸声板等；以表面结构形式分为不穿孔、半穿孔、穿孔吸声板，凹凸吸声板，复合吸声板等。具有重量轻、装饰效果好、防火、防潮、防蛀、耐酸、可锯割等特点。

（1）外观。板的外观质量应符合表 1-59 的规定。

表 1-59　外观质量要求

项　　目	要　　求	
	优等品、一等品	合格品
缺棱、掉角、裂缝、脱落、剥离等现象	不允许	不影响使用
正面的图案破损、夹杂质	图案清晰、色差 $\Delta E \leqslant 3$ 无夹杂物混入	
色差 ΔE	$\leqslant 3$	

（2）膨胀珍珠岩装饰吸声板尺寸允许偏差。板的尺寸允许偏差应符合表 1-60 的规定。

表 1-60　膨胀珍珠岩装饰吸声板尺寸允许偏差　　　　　　（单位：mm）

项　　目	优等品	一等品	合格品
边长	0，−3	0，−1	
厚度	±0.5	±1.0	
直角偏离度，≤	0.10	0.40	0.60
不平度，≤	0.8	1.0	2.5

（3）物理力学性能。板的物理力学性能应符合表 1-61 和表 1-62 的规定。

表 1-61　物理力学性能（一）

板材类别	体积密度 (kg/m³)，≤	吸湿率（%），≤			表面吸水量(g)	断裂荷载(N)，≤			吸声系数 混响室法	不燃性
		优等品	一等品	合格品		优等品	一等品	合格品		
PB	500	5	6.5	8	—	245	196	157	0.40～0.60	不燃
FB		3.5	4	5	0.6～2.5	294	245	176	0.35～0.45	

表 1-62　物理力学性能（二）

公称厚度(mm)	热阻值[(m²·K)/W]
15	0.14～0.19
17	0.16～0.22
20	0.19～0.26

7. 玻璃棉装饰吸声板

玻璃棉装饰吸声板是以玻璃棉为主要原料,加入适量的胶粘剂、防潮剂、防腐剂等,经热压成型加工而成,具有质轻、吸声、防火、防潮、隔热、保温和美观大方、施工简便等特点。

(1)规格品种有 300 mm×400 mm×16 mm、400 mm×400 mm×16 mm 和 500 mm×500 mm×(30、50)mm 等。

(2)外观质量要求同"矿物棉装饰吸声板"。

8. 钙塑泡沫装饰吸声板

钙塑泡沫装饰吸声板,是以聚乙烯树脂(PE)加入无机硅填料轻质碳酸钙、发泡剂、交联剂、润滑剂、颜料等,经混炼、模压、发泡成型而成。其特点是质轻、吸声、隔热、耐水等。

(1)规格品种。钙塑泡沫装饰吸声板的规格品种繁多,有一般板和加入阻燃剂的难燃泡沫装饰板两种,表面有压花凹凸图案和穿孔图案两种。常用的规格有边长为 300 mm、400 mm、500 mm 和 305 mm、333 mm、350 mm、496 mm、610 mm 等正方形,厚度分 4、5、5.5、6、7、8、10 mm。

(2)主要性能。拉伸强度不小于 0.80 N/mm²,导热系数 0.07~0.1 W/(m·K),吸水性不大于 0.02 kg/m²。

(3)质量要求。堆放时,要竖码,切忌平码,要离开热源 3 m 以外码放,其他同"矿物棉装饰吸声板"。

9. 聚苯乙烯泡沫塑料装饰吸声板

聚苯乙烯泡沫塑料装饰吸声板,是以可发性聚苯乙烯泡沫塑料(PS)经加工而制成,具有隔声、隔热、保温、质轻、色白等特点。

(1)规格品种。聚苯乙烯泡沫塑料装饰吸声板有凹、凸形花纹及十字花、四方花、圆角花及钻孔等各种图案,一般为边长 300 mm、500 mm、600 mm 的正方形,厚度为+15~20 mm。

(2)主要性能。抗拉强度 0.2~0.4 N/mm²,导热系数 0.04 W/(m·K),吸水性小于0.08 kg/m²。

(3)质量要求。同"钙塑泡沫装饰吸声板"。

10. 聚氯乙烯塑料天花板

聚氯乙烯塑料天花板,是采用聚氯乙烯树脂(PVC)加入一定量抗老化剂、改型剂等助剂,经混炼、压延、真空吸塑等工艺而制成的浮雕形装饰材料,具有质轻、防潮、隔热、不易燃、不吸尘、可涂饰等特点。

(1)规格品种。聚氯乙烯塑料天花板的品种繁多,颜色有乳白、米黄、湖蓝等;图案有昙花、蟠桃、熊竹、云龙、格花、拼花等。一般为 500 mm 边长的正方形,厚为 0.4~0.6 mm。

(2)主要性能。抗拉强度 28 N/mm²,导热系数 0.174 W/(m·K),吸水性不大于 0.2 kg/m²,耐热性 60℃不变形。阻燃性:离火自熄。

(3)质量要求。尺寸一致,颜色均匀,搬运时不要重压、撞击,并要远离热源,防止烟熏和变形。

11. 聚乙烯泡沫塑料装饰板

聚乙烯泡沫塑料装饰板,是以高压聚乙烯树脂为主要原料,加入一定量的交联剂、发泡剂、稳定剂、抗老化剂、改性剂等助剂,经混炼、压延或挤出成型的装饰板材,具有质轻、柔韧、防潮、隔热、吸声、无毒、耐化学腐蚀、耐寒及电绝缘性等特点。

(1)规格品种。聚乙烯泡沫塑料装饰板一般为乳白色,也可根据需要加工成其他颜色。一般为 500 mm×500 mm 正方形和 1 200 mm×600 mm 长方形,厚度为 0.5 mm、0.6 mm。

(2)主要性能。抗拉强度不小于 7.5 N/mm²,导热系数0.035~0.14 W/(m·K),吸水性小于 0.02 kg/m²,使用温度 70℃~80℃,阻燃性氧指数小于 40。

12. 陶瓷砖

面砖的表面应光洁、方正、平整、质地坚固,其品种、规格、尺寸、色泽、图案应均匀一致,必须符合设计规定,不得有缺楞、掉角、暗痕和裂纹等缺陷。其性能指标均应符合现行国家标准的规定。

(1)陶瓷砖的尺寸。陶瓷砖的尺寸如图 1-3、图 1-4 所示。

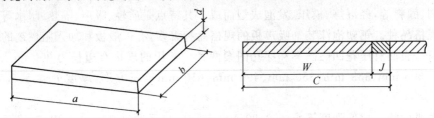

配合尺寸(C)=工作尺寸(W)+连接宽度(J)

工作尺寸(W)=可见面(a)、(b)和厚度(d)的尺寸

图 1-3 砖的寸心

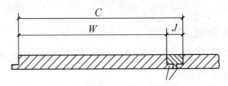

配合尺寸(C)=工作尺寸(W)+连接宽度(J)

工作尺寸(W)=可见面(a)、(b)和厚度(d)的尺寸

图 1-4 带有间隔凸缘的砖

(2)陶瓷砖的分类。

1)按照陶瓷砖的成型方法和吸水率进行分类,这种分类与产品的适用无关见表 1-63。

表 1-63 陶瓷砖按成型方法和吸水率分类表

成型方法	Ⅰ 类 $E \leqslant 3\%$	Ⅱa 类 $3\% < E \leqslant 6\%$	Ⅱb 类 $6\% < E \leqslant 10\%$	Ⅲ 类 $E > 10\%$
A(挤压)	AⅠ类	AⅡa1 类①	AⅡb1 类	AⅢ类
		AⅡa2 类①	AⅡb2 类①	
B(干压)	BⅠa 类 瓷质砖 $E \leqslant 0.5\%$	BⅡa 类 细炻砖	BⅡb 类 炻质砖	BⅢ类②
	BⅠb 类 炻瓷砖 $0.5\% < E \leqslant 3\%$			
C(其他)	CⅠ类③	CⅡa 类③	CⅡb 类③	CⅢ类③

注:①AⅡa 类和 AⅡb 类按照产品不同性能分为两个部分。

②BⅢ类仅包括有釉砖,此类不包括吸水率大于 10% 的干压成型无釉砖。

③其他类砖。

2)按成型方法分为 A 挤压砖、B 干压砖和 C 其他方法成型的砖。

3)按吸水率(E)分为以下三类。

①低吸水率砖（Ⅰ类），$E \leqslant 3\%$。

Ⅰ类干压砖还可以进一步分为：

$E \leqslant 0.5\%$（BⅠa类）；

$0.5\% < E \leqslant 3\%$（BⅠb类）。

②中吸水率砖（Ⅱ类），$3\% < E \leqslant 10\%$。

Ⅱ类挤压砖还可进一步分为：

$3\% < E \leqslant 6\%$（AⅡa类，第1部分和第2部分）；

$6\% < E \leqslant 10\%$（AⅡb类，第1部分和第2部分）。

Ⅱ类干压砖还可进一步分为：

$3\% < E \leqslant 6\%$（BⅡa类）；

$6\% < E \leqslant 10\%$（BⅡb类）。

③高吸水率砖（Ⅲ类），$E > 10\%$。

（3）挤压陶瓷砖。挤压陶瓷砖的尺寸、表面质量、物理性能和化学性能的要求应符合表1-64至表1-69的规定。

表 1-64 挤压陶瓷砖技术要求（$E \leqslant 3\%$，AⅠ类）

尺寸和表面质量		精细	普通
长度和宽度	每块砖（2条或4条边）的平均尺寸相对于工作尺寸（W）的允许偏差（%）	± 1.0，最大± 2 mm	± 2.0，最大± 4 mm
	每块砖（2条或4条边）的平均尺寸相对于10块砖（20条或40条边）平均尺寸的允许偏差（%）	± 1.0	± 1.5
	制造商选择工作尺寸应满足以下要求： a. 模数砖名义尺寸连接宽度允许在3~11 mm之间①； b. 非模数砖工作尺寸与名义尺寸之间的偏差不大于± 3 mm		
厚度： a. 厚度由制造商确定； b. 每块砖厚度的平均值相对于工作尺寸厚度的允许偏差（%）		± 10	± 10
边直度②（正面） 相对于工作尺寸的最大允许偏差（%）		± 0.5	± 0.6
直角度② 相对于工作尺寸的最大允许偏差（%）		± 1.0	± 1.0
表面平整度最大允许偏差（%）	a. 相对于由工作尺寸计算的对角线的中心弯曲度	± 0.5	± 1.5
	b. 相对于工作尺寸的边弯曲度	± 0.5	± 1.5
	c. 相对于由工作尺寸计算的对角线的翘曲度	± 0.8	± 1.5
表面质量③		至少95%的砖主要区域无明显缺陷	

物理性能		精细	普通
吸水率②,质量分数(%)		平均值≤3.0,单值≤3.3	平均值≤3.0,单值≤3.3
破坏强度(N)	a. 厚度≥7.5 mm	≥1 100	≥1 100
	b. 厚度<7.5 mm	≥600	≥600
断裂模数(MPa) 不适用于破坏强度≥3 000 N 的砖		平均值≥23,单值≥18	平均值≥23,单值≥18
耐磨性	a. 无釉地砖耐磨损体积(mm²)	≤275	≤275
	b. 有釉地砖表面耐磨性④	报告陶瓷砖耐磨性级别和转数	
线性热膨胀系数⑤	从环境温度到 100℃	见《陶瓷砖》(GB/T 4100—2006)附录 Q	
抗热震性⑤		见《陶瓷砖》(GB/T 4100—2006)附录 Q	
有釉砖抗釉裂性⑥		经试验应无釉裂	
抗冻性⑤		见《陶瓷砖》(GB/T 4100—2006)附录 Q	
地砖摩擦系数		制造商应报告陶瓷地砖的摩擦系数和试验方法	
湿膨胀⑤(mm/m)		见《陶瓷砖》(GB/T 4100—2006)附录 Q	
小色差⑤		见《陶瓷砖》(GB/T 4100—2006)附录 Q	
抗冲击性⑤		见《陶瓷砖》(GB/T 4100—2006)附录 Q	
化学性能		精细	普通
耐污染性	a. 有釉砖	最低 3 级	最低 3 级
	b. 无釉砖⑤	见《陶瓷砖》(GB/T 4100—2006)附录 Q	
抗化学腐蚀性	耐低浓度酸和碱 a. 有釉砖 b. 无釉砖⑦	制造商应报告耐化学腐蚀性等级	制造商就报告耐化学腐蚀性等级

化学性能		精细	普通
抗化学腐蚀性	耐高浓度酸和碱⑤	见《陶瓷砖》(GB/T 4100—2006)附录 Q	
	耐家庭化学试剂和游泳池盐类 a. 有釉砖 b. 无釉砖	不低于 GB 级 不低于 UB 级	不低于 GB 级 不低于 UB 级
铅和镉的熔出量⑤		见《陶瓷砖》(GB/T 4100—2006)附录 Q	

注:①以非公制尺寸为基础的习惯用法也可用在同类型砖的连接宽度上。

②不适用于有弯曲形状的砖。

③在烧制过程中,产品与标准板之间的微小色差是难免的。本条款不适用于在砖的表面有意制造的色差(表面可能是有釉的、无釉的或部分有釉的)或在砖的部分区域内为了突出产品的特点而希望的色差。用于装饰目的的斑点或色斑不能看为缺陷。

④有釉地砖耐磨性分级可参照《陶瓷砖》(GB/T 4100—2006)附录 P 的规定。

⑤表中所列"见《陶瓷砖》(GB/T 4100—2006)附录 Q"涉及项目不是所有产品都是必检的,是否有必要对这些项目进行检验,应按《陶瓷砖》(GB/T 4100—2006)附录 Q 的规定确定。

⑥制造商对于为装饰效果而产生的裂纹应加以说明,这种情况下,《陶瓷砖釉面抗龟裂试验方法》(GB/T 3810.11—2006)规定的釉裂试验不适用。

⑦如果色泽有微小变化,不应算是化学腐蚀。

表 1-65 挤压陶瓷砖技术要求($3\% < E \leqslant 6\%$,A Ⅱ a 类—第 1 部分)

尺寸和表面质量		精细	普通
长度和宽度	每块砖(2 条或 4 条边)的平均尺寸相对于工作尺寸(W)的允许偏差(%)	±1.25, 最大±2 mm	±2.0, 最大±4 mm
	每块砖(2 条或 4 条边)的平均尺寸相对于 10 块砖(20 条或 40 条边)平均尺寸的允许偏差(%)	±1.0	±1.5
	制造商选择工作尺寸应满足以下要求: a. 模数砖名义尺寸连接宽度允许在 3~11 mm 之间①; b. 非模数砖工作尺寸与名义尺寸之间的偏差不大于±3 mm		
厚度: a. 厚度由制造商确定; b. 每块砖厚度的平均值相对于工作尺寸厚度的允许偏差(%)		±10	±10
边直度②(正面) 相对于工作尺寸的最大允许偏差(%)		±0.5	±0.6

尺寸和表面质量		精细	普通
直角度② 相对于工作尺寸的最大允许偏差（%）		±1.0	±1.0
表面平整度最大允许偏差（%）	a. 相对于由工作尺寸计算的对角线的中心弯曲度	±0.5	±1.5
	b. 相对于工作尺寸的边弯曲度	±0.5	±1.5
	c. 相对于由工作尺寸计算的对角线的翘曲度	±0.8	±1.5
表面质量③		至少95%的砖主要区域无明显缺陷	

物理性能		精细	普通
吸水率,质量分数（%）		3.0＜平均值≤6.0,单值≤6.5	3.0＜平均值≤6.0,单值≤6.5
破坏强度（N）	a. 厚度≥7.5 mm	≥950	≥950
	b. 厚度＜7.5 mm	≥600	≥600
断裂模数（MPa）不适用于破坏强度≥3 000 N的砖		平均值≥20,单值≥18	平均值≥20,单值≥18
耐磨性	a. 无釉地砖耐磨损体积（mm²）	≤393	≤393
	b. 有釉地砖表面耐磨性④	报告陶瓷砖耐磨性级别和转数	
线性热膨胀系数⑤	从环境温度到100℃	见《陶瓷砖》（GB/T 4100—2006）附录Q	
抗热震性⑤		见《陶瓷砖》（GB/T 4100—2006）附录Q	
有釉砖抗釉裂性⑥		经试验应无釉裂	
抗冻性⑤		见《陶瓷砖》（GB/T 4100—2006）附录Q	
地砖摩擦系数		制造商应报告陶瓷地砖的摩擦系数和试验方法	
湿膨胀⑤（mm/m）		见《陶瓷砖》（GB/T 4100—2006）附录Q	
小色差⑤		见《陶瓷砖》（GB/T 4100—2006）附录Q	
抗冲击性⑤		见《陶瓷砖》（GB/T 4100—2006）附录Q	

村镇装饰装修工程

化学性能		精细	普通
耐污染性	a. 有釉砖	最低3级	最低3级
	b. 无釉砖⑤	见《陶瓷砖》(GB/T 4100—2006)附录Q	
抗化学腐蚀性	耐低浓度酸和碱 a. 有釉砖 b. 无釉砖⑦	制造商应报告耐化学腐蚀性等级	制造商就报告耐化学腐蚀性等级
	耐高浓度酸和碱⑤	见《陶瓷砖》(GB/T 4100—2006)附录Q	
	耐家庭化学试剂和游泳池盐类 a. 有釉砖 b. 无釉砖	不低于GB级 不低于UB级	不低于GB级 不低于UB级
铅和镉的熔出量⑤		见《陶瓷砖》(GB/T 4100—2006)附录Q	

注:参见表1-64。

表1-66　挤压陶瓷砖技术要求($3\% < E \leqslant 6\%$,AⅡa类—第2部分)

尺寸和表面质量		精细	普通
长度和宽度	每块砖(2条或4条边)的平均尺寸相对于工作尺寸(W)的允许偏差(%)	±1.5, 最大±2 mm	±2.0, 最大±4 mm
	每块砖(2条或4条边)的平均尺寸相对于10块砖(20条或40条边)平均尺寸的允许偏差(%)	±1.5	±1.5
	制造商选择工作尺寸应满足以下要求: a. 模数砖名义尺寸连接宽度允许在3～11 mm之间①; b. 非模数砖工作尺寸与名义尺寸之间的偏差不大于±3 mm		
厚度: a. 厚度由制造商确定; b. 每块砖厚度的平均值相对于工作尺寸厚度的允许偏差(%)		±10	±10
边直度②(正面) 相对于工作尺寸的最大允许偏差(%)		±1.0	±1.0
直角度② 相对于由工作尺寸计算的最大允许偏差(%)		±1.0	±1.0

·村镇装饰装修工程·

尺寸和表面质量		精细	普通
表面平整度最大允许偏差（%）	a. 相对于由工作尺寸计算的对角线的中心弯曲度	±1.0	±1.5
	b. 相对于由工作尺寸计算的边弯曲度	±1.0	±1.5
	c. 相对于由工作尺寸计算的对角线的翘曲度	±1.0	±1.5
表面质量③		至少95%的砖主要区域无明显缺陷	

物理性能		精细	普通
吸水率,质量分数(%)		3.0<平均值≤6.0,单值≤6.5	3.0<平均值≤6.0,单值≤6.5
破坏强度（N）	a. 厚度≥7.5 mm	≥800	≥800
	b. 厚度<7.5 mm	≥600	≥600
断裂模数(MPa) 不适用于破坏强度≥3 000 N的砖		平均值≥13,单值≥11	平均值≥13,单值≥11
耐磨性	a. 无釉地砖耐磨损体积(mm²)	≤541	≤541
	b. 有釉地砖表面耐磨性④	报告陶瓷砖耐磨性级别和转数	
线性热膨胀系数⑤	从环境温度到100℃	见《陶瓷砖》(GB/T 4100—2006)附录Q	
抗热震性⑤		见《陶瓷砖》(GB/T 4100—2006)附录Q	
有釉砖抗釉裂性⑥		经试验应无釉裂	
抗冻性⑤		见《陶瓷砖》(GB/T 4100—2006)附录Q	
地砖摩擦系数		制造商应报告陶瓷地砖的摩擦系数和试验方法	
湿膨胀⑤ (mm/m)		见《陶瓷砖》(GB/T 4100—2006)附录Q	
小色差⑤		见《陶瓷砖》(GB/T 4100—2006)附录Q	

物理性能		精细	普通
抗冲击性⑤		见《陶瓷砖》(GB/T 4100—2006)附录 Q	

化学性能		精细	普通
耐污染性	a. 有釉砖	最低 3 级	最低 3 级
	b. 无釉砖⑤	见《陶瓷砖》(GB/T 4100—2006)附录 Q	
抗化学腐蚀性	耐低浓度酸和碱 a. 有釉砖 b. 无釉砖⑦	制造商应报告耐化学腐蚀性等级	制造商就报告耐化学腐蚀性等级
	耐高浓度酸和碱⑤	见《陶瓷砖》(GB/T 4100—2006)附录 Q	
	耐家庭化学试剂和游泳池盐类 a. 有釉砖 b. 无釉砖	不低于 GB 级 不低于 UB 级	不低于 GB 级 不低于 UB 级
铅和镉的熔出量⑤		见《陶瓷砖》(GB/T 4100—2006)附录 Q	

注:参见表 1-64。

表 1-67　挤压陶瓷砖技术要求($6\% < E \leqslant 10\%$,AⅡb 类—第 1 部分)

尺寸和表面质量		精细	普通
长度和宽度	每块砖(2 条或 4 条边)的平均尺寸相对于工作尺寸(W)的允许偏差(%)	±2.0, 最大±2mm	±2.0, 最大±4 mm
	每块砖(2 条或 4 条边)的平均尺寸相对于 10 块砖(20 条或 40 条边)平均尺寸的允许偏差(%)	±1.0	±1.5
	制造商选择工作尺寸应满足以下要求: a. 模数砖名义尺寸连接宽度允许在 3~11 mm 之间①; b. 非模数砖工作尺寸与名义尺寸之间的偏差不大于±3 mm		
厚度: a. 厚度由制造商确定; b. 每块砖厚度的平均值相对于工作尺寸厚度的允许偏差(%)		±10	±10

尺寸和表面质量		精细	普通
边直度②（正面） 相对于工作尺寸的最大允许偏差（%）		±1.0	±1.0
直角度② 相对于工作尺寸的最大允许偏差（%）		±1.0	±1.0
表面平整度最大允许偏差（%）	a. 相对于由工作尺寸计算的对角线的中心弯曲度	±1.0	±1.5
	b. 相对于工作尺寸的边弯曲度	±1.0	±1.5
	c. 相对于由工作尺寸计算的对角线的翘曲度	±1.5	±1.5
表面质量③		至少95%的砖主要区域无明显缺陷	

物理性能		精细	普通
吸水率,质量分数（%）		6<平均值≤10,单值≤11	6<平均值≤10,单值≤11
破坏强度（N）		≥900	≥900
断裂模数（MPa） 不适用于破坏强度≥3 000 N的砖		平均值≥17.5,单值≥15	平均值≥17.5,单值≥15
耐磨性	a. 无釉地砖耐磨损体积（mm²）	≤649	≤649
	b. 有釉地砖表面耐磨性④	报告陶瓷砖耐磨性级别和转数	
线性热膨胀系数⑤	从环境温度到100℃	见《陶瓷砖》（GB/T 4100—2006）附录Q	
抗热震性⑤		见《陶瓷砖》（GB/T 4100—2006）附录Q	
有釉砖抗釉裂性⑥		经试验应无釉裂	
抗冻性⑤		见《陶瓷砖》（GB/T 4100—2006）附录Q	
地砖摩擦系数		制造商应报告陶瓷地砖的摩擦系数和试验方法	
湿膨胀⑤（mm/m）		见《陶瓷砖》（GB/T 4100—2006）附录Q	

物理性能		精细	普通
小色差⑤		见《陶瓷砖》(GB/T 4100—2006)附录Q	
抗冲击性⑤		见《陶瓷砖》(GB/T 4100—2006)附录Q	

化学性能		精细	普通
耐污染性	a. 有釉砖	最低3级	最低3级
	b. 无釉砖⑤	见《陶瓷砖》(GB/T 4100—2006)附录Q	
抗化学腐蚀性	耐低浓度酸和碱 a. 有釉砖 b. 无釉砖⑦	制造商应报告耐化学腐蚀性等级	制造商就报告耐化学腐蚀性等级
	耐高浓度酸和碱⑤	见《陶瓷砖》(GB/T 4100—2006)附录Q	
	耐家庭化学试剂和游泳池盐类 a. 有釉砖 b. 无釉砖	不低于GB级 不低于UB级	不低于GB级 不低于UB级
铅和镉的熔出量⑤		见《陶瓷砖》(GB/T 4100—2006)附录Q	

注:参见表1-64。

表 1-68 挤压陶瓷砖技术要求($6\% < E \leqslant 10\%$,AⅡb类—第2部分)

尺寸和表面质量		精细	普通
长度和宽度	每块砖(2条或4条边)的平均尺寸相对于工作尺寸(W)的允许偏差(%)	±2.0, 最大±2 mm	±2.0, 最大±4 mm
	每块砖(2条或4条边)的平均尺寸相对于10块砖(20条或40条边)平均尺寸的允许偏差(%)	±1.5	±1.5
	制造商选择工作尺寸应满足以下要求: a. 模数砖名义尺寸连接宽度允许在3～11 mm之间①; b. 非模数砖工作尺寸与名义尺寸之间的偏差不大于±3 mm		
厚度: a. 厚度由制造商确定; b. 每块砖厚度的平均值相对于工作尺寸厚度的允许偏差(%)		±10	±10

尺寸和表面质量		精细	普通
边直度[②]（正面）相对于工作尺寸的最大允许偏差（%）		±1.0	±1.0
直角度[②]相对于工作尺寸的最大允许偏差（%）		±1.0	±1.0
表面平整度最大允许偏差（%）	a. 相对于由工作尺寸计算的对角线的中心弯曲度	±1.0	±1.5
	b. 相对于工作尺寸的边弯曲度	±1.0	±1.5
	c. 相对于由工作尺寸计算的对角线的翘曲度	±1.5	±1.5
表面质量[③]		至少95%的砖主要区域无明显缺陷	

物理性能		精细	普通
吸水率,质量分数（%）		6<平均值≤10,单值≤11	6<平均值≤10,单值≤11
破坏强度（N）		≥750	≥750
断裂模数（MPa）不适用于破坏强度≥3 000 N的砖		平均值≥9,单值≥8	平均值≥9,单值≥8
耐磨性	a. 无釉地砖耐磨损体积（mm²）	≤1 062	≤1 062
	b. 有釉地砖表面耐磨性[④]	报告陶瓷砖耐磨性级别和转数	
线性热膨胀系数[⑤]	从环境温度到100℃	见《陶瓷砖》（GB/T 4100—2006）附录Q	
抗热震性[⑤]		见《陶瓷砖》（GB/T 4100—2006）附录Q	
有釉砖抗釉裂性[⑥]		经试验应无釉裂	
抗冻性[⑤]		见《陶瓷砖》（GB/T 4100—2006）附录Q	
地砖摩擦系数		制造商应报告陶瓷地砖的摩擦系数和试验方法	
湿膨胀[⑤]（mm/m）		见《陶瓷砖》（GB/T 4100—2006）附录Q	

· 村镇装饰装修工程 ·

物理性能		精细	普通
小色差⑤		见《陶瓷砖》(GB/T 4100—2006)附录 Q	
抗冲击性⑤		见《陶瓷砖》(GB/T 4100—2006)附录 Q	
化学性能		精细	普通
耐污染性	a. 有釉砖	最低 3 级	最低 3 级
	b. 无釉砖⑤	见《陶瓷砖》(GB/T 4100—2006)附录 Q	
抗化学腐蚀性	耐低浓度酸和碱 a. 有釉砖 b. 无釉砖⑦	制造商应报告耐化学腐蚀性等级	制造商报告耐化学腐蚀性等级
抗化学腐蚀性	耐高浓度酸和碱⑤	见《陶瓷砖》(GB/T 4100—2006)附录 Q	
	耐家庭化学试剂和游泳池盐类 a. 有釉砖 b. 无釉砖	不低于 GB 级 不低于 UB 级	不低于 GB 级 不低于 UB 级
铅和镉的熔出量⑤		见《陶瓷砖》(GB/T 4100—2006)附录 Q	

注:参见表 1-64。

表 1-69 挤压陶瓷砖技术要求($E>10\%$, AⅢ类)

尺寸和表面质量		精细	普通
长度和宽度	每块砖(2 条或 4 条边)的平均尺寸相对于工作尺寸(W)的允许偏差(%)	±2.0,最大±2 mm	±2.0,最大±4 mm
	每块砖(2 条或 4 条边)的平均尺寸相对于 10 块砖(20 条或 40 条边)平均尺寸的允许偏差(%)	±1.0	±1.5
	制造商选择工作尺寸应满足以下要求: a. 模数砖名义尺寸连接宽度允许在 3～11 mm 之间①; b. 非模数砖工作尺寸与名义尺寸之间的偏差不大于±3 mm		
厚度: a. 厚度由制造商确定; b. 每块砖厚度的平均值相对于工作尺寸厚度的允许偏差(%)		±10	±10

尺寸和表面质量		精细	普通
边直度②（正面）相对于工作尺寸的最大允许偏差（%）		±1.0	±1.0
直角度②相对于工作尺寸的最大允许偏差（%）		±1.0	±1.0
表面平整度最大允许偏差（%）	a. 相对于由工作尺寸计算的对角线的中心弯曲度	±1.0	±1.5
	b. 相对于工作尺寸的边弯曲度	±1.0	±1.5
	c. 相对于由工作尺寸计算的对角线的翘曲度	±1.5	±1.5
表面质量③		至少95%的砖主要区域无明显缺陷	
物理性能		精细	普通
吸水率,质量分数（%）		平均值≤10	平均值≤10
破坏强度（N）		≥600	≥600
断裂模数（MPa）不适用于破坏强度≥3 000 N的砖		平均值≥8,单值≥7	平均值≥8,单值≥7
耐磨性	a. 无釉地砖耐磨损体积（mm²）	≤2 365	≤2 365
	b. 有釉地砖表面耐磨性④	报告陶瓷砖耐磨性级别和转数	
线性热膨胀系数⑤	从环境温度到100℃	见《陶瓷砖》(GB/T 4100—2006)附录Q	
抗热震性⑤		见《陶瓷砖》(GB/T 4100—2006)附录Q	
有釉砖抗釉裂性⑥		经试验应无釉裂	
抗冻性⑤		见《陶瓷砖》(GB/T 4100—2006)附录Q	
地砖摩擦系数		制造商应报告陶瓷地砖的摩擦系数和试验方法	
湿膨胀⑤（mm/m）		见《陶瓷砖》(GB/T 4100—2006)附录Q	
小色差⑤		见《陶瓷砖》(GB/T 4100—2006)附录Q	

物理性能		精细	普通
抗冲击性⑤		见《陶瓷砖》(GB/T 4100—2006)附录 Q	

化学性能		精细	普通
耐污染性	a. 有釉砖	最低 3 级	最低 3 级
	b. 无釉砖⑤	见《陶瓷砖》(GB/T 4100—2006)附录 Q	
抗化学腐蚀性	耐低浓度酸和碱 a. 有釉砖 b. 无釉砖⑦	制造商应报告耐化学腐蚀性等级	制造商报告耐化学腐蚀性等级
	耐高浓度酸和碱⑤	见《陶瓷砖》(GB/T 4100—2006)附录 Q	
	耐家庭化学试剂和游泳池盐类 a. 有釉砖 b. 无釉砖	不低于 GB 级 不低于 UB 级	不低于 GB 级 不低于 UB 级
铅和镉的熔出量⑤		见《陶瓷砖》(GB/T 4100—2006)附录 Q	

注:参见表 1-64。

(4)干压陶瓷砖。干压陶瓷砖的尺寸、表面质量、物理性能和化学性能的技术要求应符合表 1-70 至表 1-74 的规定。

表 1-70　干压陶瓷砖:瓷质砖技术要求($E \leqslant 0.5\%$,BⅠa 类)

尺寸和表面质量		产品表面积 S(cm²)				
		$S \leqslant 90$	$90 < S \leqslant 190$	$190 < S \leqslant 410$	$410 < S \leqslant 1\,600$	$S > 1\,600$
长度和宽度	每块砖(2 条或 4 条边)的平均尺寸相对于工作尺寸(W)的允许偏差(%)	±1.2	±1.0	±0.75	±0.6	±0.5
		每块抛光砖(2 条或 4 条边)的平均尺寸相对于工作尺寸的允许偏差为 ±1.0 mm				
	每块砖(2 条或 4 条边)的平均尺寸相对于 10 块砖(20 条或 40 条边)平均尺寸的允许偏差(%)	±0.75	±0.5	±0.5	±0.5	±0.4
	制造商应选用以下尺寸: a. 模数砖名义尺寸连接宽度允许在 2~5 mm 之间①; b. 非模数砖工作尺寸与名义尺寸之间的偏差不大于±2%,最大 5 mm					

尺寸和表面质量		产品表面积 $S(\text{cm}^2)$				
		$S{\leqslant}90$	$90{<}S$ ${\leqslant}190$	$190{<}S$ ${\leqslant}410$	$410{<}S$ ${\leqslant}1\,600$	$S{>}$ $1\,600$
厚度： a. 厚度由制造商确定； b. 每块砖厚度的平均值相对于工作尺寸厚度的允许偏差(%)		±10	±10	±5	±5	±5
边直度②(正面) 相对于工作尺寸的最大允许偏差(%)		±0.75	±0.5	±0.5	±0.5	±0.3
		抛光砖的边直度允许偏差为±0.2,且最大偏差 ${\leqslant}2.0$ mm				
直角度② 相对于工作尺寸的最大允许偏差(%)		±1.0	±0.6	±0.6	±0.6	±0.5
		抛光砖的直角度允许偏差为±0.2,且最大偏差 ${\leqslant}2.0$ mm。 边长>600 mm 的砖,直角度用对边长度差和对角线长度差表示,最大偏差${\leqslant}2.0$ mm				
表面平整度最大允许偏差(%)	a. 相对于由工作尺寸计算的对角线的中心弯曲度	±1.0	±0.5	±0.5	±0.5	±0.4
	b. 相对于工作尺寸的边弯曲度	±1.0	±0.5	±0.5	±0.5	±0.4
	c. 相对于由工作尺寸计算的对角线的翘曲度	±1.0	±0.5	±0.5	±0.5	±0.4
	抛光砖的表面平整度允许偏差为±0.2,且最大偏差${\leqslant}2.0$ mm。 边长>600mm 的砖,表面平整度用上凸和下凹表示,其最大偏差${\leqslant}2.0$ mm					
表面质量③	至少95%的砖其主要区域无明显缺陷					

物理性能		要　求
吸水率⑧,质量分数		平均值${\leqslant}0.5\%$,单值${\leqslant}0.6\%$
破坏强度(N)	a. 厚度≥7.5 mm	${\geqslant}1\,300$
	b. 厚度<7.5 mm	${\geqslant}700$
断裂模数(MPa) 不适用于破坏强度≥3 000 N 的砖		平均值${\geqslant}35$,单值${\geqslant}32$
耐磨性	a. 无釉地砖耐磨损体积(mm³)	${\leqslant}175$
	b. 有釉地砖表面耐磨性④	报告陶瓷砖耐磨性级别和转数
线性热膨胀系数⑤ 从环境温度到100℃		见《陶瓷砖》(GB/T 4100—2006)附录 Q

村镇装饰装修工程

物理性能	要 求
抗热震性⑤	见《陶瓷砖》(GB/T 4100—2006)附录 Q
有釉砖抗釉裂性⑥	经试验应无釉裂
抗冻性	经试验应无裂纹或剥落
地砖摩擦系数	制造商应报告陶瓷地砖的摩擦系数和试验方法
湿膨胀⑤(mm/m)	见《陶瓷砖》(GB/T 41100—2006)附录 Q
小色差⑤	见《陶瓷砖》(GB/T 4100—2006)附录 Q
抗冲击性③	见《陶瓷砖》(GB/T 4100—2006)附录 Q
抛光砖光泽度⑨	≥55

化学性能		要 求
耐污染性	a. 有釉砖	最低 3 级
	b. 无釉砖⑤	见《陶瓷砖》(GB/T 4100—2006)附录 Q
抗化学腐蚀性	耐低浓度酸和碱 a. 有釉砖 b. 无釉砖⑦	制造商应报告耐化学腐蚀性等级
	耐高浓度酸和碱⑤	见《陶瓷砖》(GB/T 4100—2006)附录 Q
	耐家庭化学试剂和游泳池盐类	a. 有釉砖　　不低于 GB 级 b. 无釉砖⑦　不低于 UB 级
铅和镉的熔出量⑤		见《陶瓷砖》(GB/T 4100—2006)附录 Q

注:①以非公制尺寸为基础的习惯用法也可用在同类型砖的连接宽度上。

②不适用于有弯曲形状的砖。

③在烧制过程中,产品与标准板之间的微小色差是难免的。本条款不适用于在砖的表面有意制造的色差(表面可能是有釉的、无釉的或部分有釉的)或在砖的部分区域内为了突出产品的特点而希望的色差。用于装饰目的的斑点或色斑不能看为缺陷。

④有釉地砖耐磨性分级可参照《陶瓷砖》(GB/T 4100—2006)附录 P 的规定。

⑤表中所列"见《陶瓷砖》(GB/T 4100—2006)附录 Q"涉及项目不是所有产品都是必检的,是否有必要对这些项目进行检验,应按《陶瓷砖》(GB/T 4100—2006)附录 Q 的规定确定。

⑥制造商对于为装饰效果而产生的裂纹应加以说明,这种情况下,《陶瓷砖釉面抗龟裂试验方法》(GB/T 3810.11—2006)第 1 部分:有釉砖抗釉裂性的测定中规定的釉裂试验不适用。

⑦如果色泽有微小变化,不应算是化学腐蚀。

⑧吸水率最大单个值为 0.5% 的砖是全玻化砖(常被认为是不吸水的)。

⑨适用于有镜面效果的抛光砖。不包括半抛光和局部抛光的砖。

表 1-71   干压陶瓷砖:炻质砖技术要求(0.5%<E≤3%,BⅠb类)

尺寸和表面质量		产品表面积 $S(cm^2)$			
		$S≤90$	$90<S$ $≤190$	$190<S$ $≤410$	$S>410$
长度和宽度	每块砖(2条或4条边)的平均尺寸相对于工作尺寸(W)的允许偏差(%)	±1.2	±1.0	±0.75	±0.6
	每块砖(2条或4条边)的平均尺寸相对于10块砖(20或40条边)平均尺寸的允许偏差(%)	±0.75	±0.5	±0.5	±0.5
	制造商应选用以下尺寸: a. 模数砖名义尺寸连接宽度允许在 2~5 mm 之间①; b. 非模数砖工作尺寸与名义尺寸之间的偏差不大于±2%,最大 5 mm				
厚度: a. 厚度由制造商确定; b. 每块砖厚度的平均值相对于工作尺寸厚度的允许偏差(%)		±10	±10	±5	±5
边直度②(正面) 相对于工作尺寸的最大允许偏差(%)		±0.75	±0.5	±0.5	±0.5
直角度② 相对于工作尺寸的最大允许偏差(%)		±1.0	±0.6	±0.6	±0.6
表面平整度最大允许偏差(%)	a. 相对于由工作尺寸计算的对角线的中心弯曲度	±1.0	±0.5	±0.5	±0.5
	b. 相对于工作尺寸的边弯曲度	±1.0	±0.5	±0.5	±0.5
	c. 相对于由工作尺寸计算的对角线的翘曲度	±1.0	±0.5	±0.5	±0.5
表面质量③		至少 95% 的砖其主要区域无明显缺陷			
吸水率⑧,质量分数		0.5%<E≤3%,单个最大值≤3.3%			
破坏强度(N)	a. 厚度≥7.5 mm	≥1 000			
	b. 厚度<7.5 mm	≥700			
断裂模数(MPa) 不适用于破坏强度≥3 000 N的砖		平均值≥30,单值≥27			
耐磨性	a. 无釉地砖耐磨损体积(mm³)	≤175			
	b. 有釉地砖表面耐磨性④	报告陶瓷砖耐磨性级别和转数			

尺寸和表面质量	产品表面积 $S(cm^2)$			
	$S\leqslant90$	$90<S\leqslant190$	$190<S\leqslant410$	$S>410$
线性热膨胀系数⑤ 从环境温度到100℃	见《陶瓷砖》(GB/T 4100—2006)附录Q			
抗热震性⑤	见《陶瓷砖》(GB/T 4100—2006)附录Q			
有釉砖抗釉裂性⑥	经试验应无釉裂			
抗冻性	经试验应无裂纹或剥落			
地砖摩擦系数	制造商应报告陶瓷地砖的摩擦系数和试验方法			
湿膨胀⑤(mm/m)	见《陶瓷砖》(GB/T 41100—2006)附录Q			
小色差⑤	见《陶瓷砖》(GB/T 4100—2006)附录Q			
抗冲击性③	见《陶瓷砖》(GB/T 4100—2006)附录Q			
化学性能		要　　求		
耐污染性	a. 有釉砖	最低3级		
	b. 无釉砖⑤	见《陶瓷砖》(GB/T 4100—2006)附录Q		
抗化学腐蚀性	耐低浓度酸和碱 a. 有釉砖 b. 无釉砖⑦	制造商应报告耐化学腐蚀性等级		
	耐高浓度酸和碱⑤	见《陶瓷砖》(GB/T 4100—2006)附录Q		
	耐家庭化学试剂和游泳池盐类	a. 有釉砖　　不低于GB级 b. 无釉砖⑦　不低于UB级		
铅和镉的熔出量⑤	见《陶瓷砖》(GB/T 4100—2006)附录Q			

注:参见表1-70。

表1-72　干压陶瓷砖:细炻砖技术要求($3\%<E\leqslant6\%$,BⅡb类)

尺寸和表面质量		产品表面积 $S(cm^2)$			
		$S\leqslant90$	$90<S\leqslant190$	$190<S\leqslant410$	$S>410$
长度和宽度	每块砖(2条或4条边)的平均尺寸相对于工作尺寸(W)的允许偏差(%)	±1.2	±1.0	±0.75	±0.6
	每块砖(2条或4条边)的平均尺寸相对于10块砖(20条或40条边)平均尺寸的允许偏差(%)	±0.75	±0.5	±0.5	±0.5

尺寸和表面质量		产品表面积 S(cm²)			
		$S\leqslant 90$	$90<S$ $\leqslant 190$	$190<S$ $\leqslant 410$	$S>410$
长度和宽度	制造商应选用以下尺寸: a. 模数砖名义尺寸连接宽度允许在2~5 mm之间①; b. 非模数砖工作尺寸与名义尺寸之间的偏差不大于±2%,最大5 mm				
厚度: a. 厚度由制造商确定; b. 每块砖厚度的平均值相对于工作尺寸厚度的允许偏差(%)		±10	±10	±5	±5
边直度②(正面) 相对于工作尺寸的最大允许偏差(%)		±0.75	±0.5	±0.5	±0.5
直角度② 相对于工作尺寸的最大允许偏差(%)		±1.0	±0.6	±0.6	±0.6
表面平整度最大允许偏差(%)	a. 相对于由工作尺寸计算的对角线的中心弯曲度	±1.0	±0.5	±0.5	±0.5
	b. 相对于工作尺寸的边弯曲度	±1.0	±0.5	±0.5	±0.5
	c. 相对于由工作尺寸计算的对角线的翘曲度	±1.0	±0.5	±0.5	±0.5
表面质量③		至少95%的砖其主要区域无明显缺陷			
物理性能		要　求			
吸水率,质量分数		3%<$E\leqslant 6\%$,单个最大值≤6.5%			
破坏强度(N)	a. 厚度≥7.5 mm	≥1 000			
	b. 厚度<7.5 mm	≥600			
断裂模数(MPa) 不适用于破坏强度≥3 000 N的砖		平均值≥22,单值≥20			
耐磨性	a. 无釉地砖耐磨损体积(mm³)	≤345			
	b. 有釉地砖表面耐磨性④	报告陶瓷砖耐磨性级别和转数			
线性热膨胀系数⑤ 从环境温度到100℃		见《陶瓷砖》(GB/T 4100—2006)附录Q			
抗热震性⑤		见《陶瓷砖》(GB/T 4100—2006)附录Q			
有釉砖抗釉裂性⑥		经试验应无釉裂			
抗冻性		经试验应无裂纹或剥落			
地砖摩擦系数		制造商应报告陶瓷地砖的摩擦系数和试验方法			

物理性能	要　求
湿膨胀⑤（mm/m）	见《陶瓷砖》(GB/T 41100—2006)附录 Q
小色差⑤	见《陶瓷砖》(GB/T 4100—2006)附录 Q
抗冲击性③	见《陶瓷砖》(GB/T 4100—2006)附录 Q

化学性能		要　求
耐污染性	a. 有釉砖	最低 3 级
	b. 无釉砖⑤	见《陶瓷砖》(GB/T 4100—2006)附录 Q
抗化学腐蚀性	耐低浓度酸和碱 a. 有釉砖 b. 无釉砖⑦	制造商应报告耐化学腐蚀性等级
	耐高浓度酸和碱⑤	见《陶瓷砖》(GB/T 4100—2006)附录 Q
	耐家庭化学试剂和游泳池盐类	a. 有釉砖　　不低于 GB 级 b. 无釉砖⑦　不低于 UB 级
铅和镉的熔出量⑤		见《陶瓷砖》(GB/T 4100—2006)附录 Q

注：参见表 1-64。

表 1-73　干压陶瓷砖：炻质砖技术要求（6％＜E≤10％，BⅡb 类）

尺寸和表面质量		产品表面积 S(cm²)			
		S≤90	90＜S ≤190	190＜S ≤410	S＞410
长度和宽度	每块砖（2 条或 4 条边）的平均尺寸相对于工作尺寸(W)的允许偏差（％）	±1.2	±1.0	±0.75	±0.6
	每块砖（2 条或 4 条边）的平均尺寸相对于 10 块砖（20 条或 40 条边）平均尺寸的允许偏差（％）	±0.75	±0.5	±0.5	±0.5
	制造商应选用以下尺寸： a. 模数砖名义尺寸连接宽度允许在 2～5 mm 之间①； b. 非模数砖工作尺寸与名义尺寸之间的偏差不大于±2％，最大 5 mm				
厚度： a. 厚度由制造商确定； b. 每块砖厚度的平均值相对于工作尺寸厚度的允许偏差（％）		±10	±10	±5	±5
边直度②（正面） 相对于工作尺寸的最大允许偏差（％）		±0.75	±0.5	±0.5	±0.5

尺寸和表面质量		产品表面积 S(cm^2)			
		$S\leqslant 90$	$90<S$ $\leqslant 190$	$190<S$ $\leqslant 410$	$S>410$
直角度[②] 相对于工作尺寸的最大允许偏差(%)		±1.0	±0.6	±0.6	±0.6
表面平整度最大允许偏差(%)	a. 相对于由工作尺寸计算的对角线的中心弯曲度	±1.0	±0.5	±0.5	±0.5
	b. 相对于工作尺寸的边弯曲度	±1.0	±0.5	±0.5	±0.5
	c. 相对于由工作尺寸计算的对角线的翘曲度	±1.0	±0.5	±0.5	±0.5
表面质量[③]		至少95%的砖其主要区域无明显缺陷			

物理性能		要 求
吸水率,质量分数		$6\%<E\leqslant 10\%$,单个最大值$\leqslant 11\%$
破坏强度 (N)	a. 厚度≥7.5 mm	≥800
	b. 厚度<7.5 mm	≥600
断裂模数(MPa) 不适用于破坏强度≥3 000 N的砖		平均值≥18,单值≥16
耐磨性	a. 无釉地砖耐磨损体积(mm^3)	≤540
	b. 有釉地砖表面耐磨性[④]	报告陶瓷砖耐磨性级别和转数
线性热膨胀系数[⑤] 从环境温度到100℃		见《陶瓷砖》(GB/T 4100—2006)附录Q
抗热震性[⑤]		见《陶瓷砖》(GB/T 4100—2006)附录Q
有釉砖抗釉裂性[⑥]		经试验应无釉裂
抗冻性		经试验应无裂纹或剥落
地砖摩擦系数		制造商应报告陶瓷地砖的摩擦系数和试验方法
湿膨胀[⑤](mm/m)		见《陶瓷砖》(GB/T 4100—2006)附录Q
小色差[⑤]		见《陶瓷砖》(GB/T 4100—2006)附录Q
抗冲击性[③]		见《陶瓷砖》(GB/T 4100—2006)附录Q

化学性能		要 求
耐污染性	a. 有釉砖	最低3级
	b. 无釉砖[⑤]	见《陶瓷砖》(GB/T 4100—2006)附录Q
抗化学腐蚀性	耐低浓度酸和碱 a. 有釉砖 b. 无釉砖[⑦]	制造商应报告耐化学腐蚀性等级

化学性能		要 求
抗化学腐蚀性	耐高浓度酸和碱⑤	见《陶瓷砖》(GB/T 4100—2006)附录 Q
	耐家庭化学试剂和游泳池盐类	a. 有釉砖　　不低于 GB 级 b. 无釉砖⑦　不低于 UB 级
铅和镉的熔出量⑤		见《陶瓷砖》(GB/T 4100—2006)附录 Q

注:参见表 1-64。

表 1-74　干压陶瓷砖:陶质砖技术要求($E>10\%$,BⅢ类)

尺寸和表面质量		无间隔凸缘	有间隔凸缘
长度(l)和宽度(ω)	每块砖(2 条或 4 条边)的平均尺寸相对于工作尺寸(W)的允许偏差(%)	1≤12 cm,±0.75 1>12 cm,±0.50	+0.6 −0.3
	每块砖(2 条或 4 条边)的平均尺寸相对于 10 块砖(20 条或 40 条边)平均尺寸的允许偏差(%)	1≤12 cm,±0.5 1>12 cm,±0.3	±0.25
	制造商应选用以下尺寸: a. 模数砖名义尺寸连接宽度允许在 2~5 mm 之间①; b. 非模数砖工作尺寸与名义尺寸之间的偏差不大于±2%,最大 5 mm		
厚度: a. 厚度由制造商确定; b. 每块砖厚度的平均值相对于工作尺寸厚度的允许偏差(%)		±10	±10
边直度②(正面) 相对于工作尺寸的最大允许偏差(%)		±0.3	±0.3
直角度② 相对于工作尺寸的最大允许偏差(%)		±0.5	±0.3
表面平整度最大允许偏差(%)	a. 相对于由工作尺寸计算的对角线的中心弯曲度	+0.5 −0.3	+0.5 −0.3
	b. 相对于工作尺寸的边弯曲度	+0.5 −0.3	+0.5 −0.3
	c. 相对于由工作尺寸计算的对角线的翘曲度	±0.5	±0.5
表面质量③		至少 95%的砖其主要区域无明显缺陷	
物理性能		要 求	
吸水率,质量分数		平均值>10%,单个最小值>9%。 当平均值>20%时,制造商应说明	

物理性能		要 求
破坏强度（N）	a. 厚度≥7.5 mm	≥600
	b. 厚度<7.5 mm	≥350
断裂模数（MPa） 不适用于破坏强度≥3 000 N的砖		平均值≥15， 单个最小值≥12
断裂模数（MPa） 不适用于破坏强度≥3 000 N的砖		经试验后报告陶瓷砖耐磨性级别④和转数
线性热膨胀系数⑤ 从环境温度到100℃		见《陶瓷砖》(GB/T 4100—2006)附录 Q
抗热震性⑤		见《陶瓷砖》(GB/T 4100—2006)附录 Q
有釉砖抗釉裂性⑥		经试验应无釉裂
抗冻性		经试验应无裂纹或剥落
地砖摩擦系数		制造商应报告陶瓷地砖的摩擦系数和试验方法
湿膨胀⑤（mm/m）		见《陶瓷砖》(GB/T 4100—2006)附录 Q
小色差⑤		见《陶瓷砖》(GB/T 4100—2006)附录 Q
抗冲击性③		见《陶瓷砖》(GB/T 4100—2006)附录 Q
化学性能		要 求
耐污染性	a. 有釉砖	最低3级
	b. 无釉砖⑤	见《陶瓷砖》(GB/T 4100—2006)附录 Q
抗化学腐蚀性	耐低浓度酸和碱	制造商应报告耐化学腐蚀性等级
	耐高浓度酸和碱⑤	见《陶瓷砖》(GB/T 4100—2006)附录 Q
	耐家庭化学试剂和游泳池盐类	不低于 GB 级
铅和镉的熔出量⑤		见《陶瓷砖》(GB/T 4100—2006)附录 Q

注：①以非公制尺寸为基础的习惯用法也可用在同类型砖的连接宽度上。

②不适用于有弯曲形状的砖。

③在烧制过程中,产品与标准板之间的微小色差是难免的。本条款不适用于在砖的表面有意制造的色差(表面可能是有釉的、无釉的或部分有釉的)或在砖的部分区域内为了突出产品的特点而希望的色差。用于装饰目的的斑点或色斑不能看为缺陷。

④有釉地砖耐磨性分级可参照《陶瓷砖》(GB/T 4100—2006)附录 P 的规定。

⑤表中所列"见《陶瓷砖》(GB/T 4100—2006)附录 Q"涉及项目不是所有产品都是必检的．是否有必要对这些项目进行检验,应按《陶瓷砖》(GB/T 4100—2006)附录 Q 的规定确定。

⑥制造商对于为装饰效果而产生的裂纹应加以说明,这种情况下,《陶瓷砖釉面抗龟裂试验方法》(GB/T 3810.11—2006)第1部分:有釉砖抗釉裂性的测定中规定的釉裂试验不适用。

13. 陶瓷马赛克

(1)每联陶瓷马赛克的线路、联长的尺寸允许偏差应符合表1-75的规定。

表1-75　陶瓷马赛克尺寸允许偏差　　　　　　　　（单位：mm）

项目	允许偏差	
	优等品	合格品
线路	±0.6	±1.0
联长	±1.5	±2.0

注：特殊要求由供需双方商定。

(2)最大边长不大于25 mm的陶瓷马赛克外观质量的允许范围应符合表1-76的规定。

表1-76　外观质量允许范围（一）

缺陷名称	表示方法	单位	缺陷允许范围				备　注
			优等品		合格品		
			正面	背面	正面	背面	
夹层、釉裂、开裂	—	—	不允许				—
斑点、粘疤、起泡、坯粉、麻面、波纹、缺釉、橘釉、棕眼、落脏、溶洞	—		不明显		不严重		—
缺角	斜边长	mm	<2.0	<4.0	2.0～3.5	4.0～5.5	正背面缺角不允许在同一角部　正面只允许缺角1处
	深度		不大于砖厚的2/3				
缺边	长度		<3.0	<6.0	3.0～5.0	6.0～8.0	正背面缺边不允许出现在同一侧面　同一侧面边不允许有2处缺边；正面只允许2处缺边
	宽度		<1.5	<2.5	1.5～2.0	2.5～3.0	
	深度		<1.5	<2.5	1.5～2.0	2.5～3.0	
变形	翘曲		不明显				—
	大小头		0.2		0.4		

(3)最大边长不大于25 mm的陶瓷马赛克外观质量的允许范围应符合表1-77的规定。

表 1-77　外观质量允许范围(二)

缺陷名称	表示方法	单位	缺陷允许范围				备　注
			优等品		合格品		
			正面	背面	正面	背面	
夹层、釉裂、开裂	—		不允许				—
斑点、粘疤、起泡、坯粉、麻面、波纹、缺釉、橘釉、棕眼、落脏、溶洞	—		不明显		不严重		—
缺角	斜边长		<2.3	<4.5	2.3~4.3	4.5~6.5	正背面缺角不允许在同一角部　正面只允许缺角1处
	深度		不大于砖厚的2/3				
缺边	长度	mm	<4.5	<8.0	4.5~7.0	9.0~10.0	正背面缺边不允许出现在同一侧面　同一侧面边不允许有2处缺边;正面只允许2处缺边
	宽度		<1.5	<3.0	1.5~2.0	2.0~3.5	
	深度		<1.5	<2.5	1.5~2.0	2.5~3.5	
变形	翘曲		0.3		0.5		—
	大小头		0.6		1.0		

三、轻质陶粒混凝土条板

轻质陶粒混凝土条板隔墙,简称陶粒实心条板或陶粒圆孔条板,是以水泥为胶结料和轻质陶粒为骨料,加水搅拌制成的轻质陶粒混凝土实心及空心条板,板内配置钢筋,产品分光面及麻面两种,如图1-5所示。

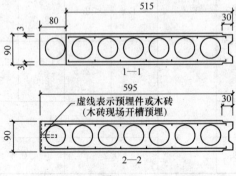

图　1-5

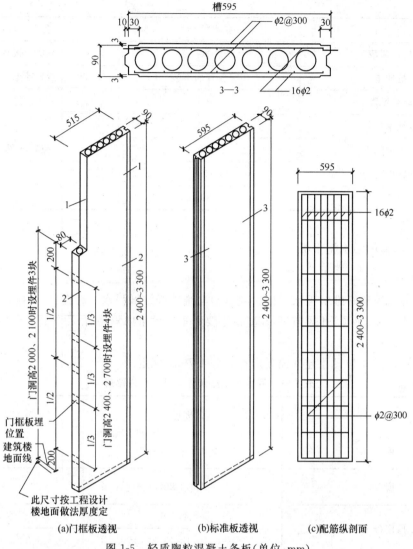

图 1-5　轻质陶粒混凝土条板(单位:mm)

(1)轻质陶粒混凝土板原材料要求。

1)水泥:42.5 级及以上普通硅酸盐水泥。

2)钢材:$\phi^b 4$ 乙级冷拔低碳钢丝,其强度标准值不低于 550 MPa。

3)陶粒:干密度 $400 \sim 600$ kg/m³,筒压强度不低于 3 MPa。

(2)轻质陶粒混凝土板技术性能。轻质陶粒混凝土板技术性能见表 1-78。

表 1-78　陶粒混凝土板技术性能

项　目	指　标	备　注
抗压强度(MPa)	≥7.5	
干密度(kg/m³)	≤1 100	
板重(kg/m²)	60 厚≤70	实心(空心≤60)
	90 厚≤80	空心

项　　目	指　　标	备　　注
抗弯荷载	≥2G	G—一块条板自重
抗冲击	3次板背面不裂	30 kg砂袋落差500 mm
软化系数	≥0.8	
收缩率(%)	≤0.08	
隔声量(dB)	≥30	控制下限
含水率(%)	≤15	
吊挂力(N)	≥800	

四、维纶纤维增强水泥平板

1. 分类

按密度分为维纶纤维增强水泥板(A型板)与维纶纤维增强水泥轻板(B型板)。A型板主要用于非承重墙体、吊顶、通风道等,B型板主要用于非承重内隔墙、吊顶等。

2. 规格

平板的规格尺寸与尺寸允许偏差应符合表1-79的规定。

表1-79　平板的规格尺寸与尺寸允许偏差

项　　目	公称尺寸	尺寸允许偏差
长度(mm)	1 800,2 400,3 000	±5
宽度(mm)	900,1 200	±5
厚度(mm)	$e=4,5,6$	±0.5
	$e=8,10,12,15,20,25$	$±0.1e$
厚度不均匀度(%)	—	<10

注:1. 厚度不均匀度是指同块板最大厚度与最小厚度之差除以公称厚度。

　　2. e 为平板的公称厚度。

　　3. 经供需双方协商可生产其他规格尺寸平板。

五、壁　　纸

壁纸的品种及特点见表1-80。

表1-80　壁纸的品种及特点

品种	说　　明	特　　点	用　　途
普通壁纸	纸面纸基壁纸,有大理石、各种木纹及其他印花等图案	价格低廉,但性能差,不耐水,不能擦洗	一般住宅内墙和旧墙翻新或老式平房墙面装饰

品 种	说 明	特 点	用 途
塑料壁纸 (PVC壁纸)	以纸为基层,聚氯乙烯塑料薄膜为面层,经复合、印花、压花等工序制成。有普通型、发泡型、特种型等品种	(1)具有一定的伸缩性和耐裂强度,故允许基层结构有一定程序的裂缝。 (2)花色图案丰富,且有凹凸花纹,富有质感及艺术感,效果好。 (3)强度好,施工简单,易粘贴,易更换。 (4)表面不吸水,可用布擦洗	适合于各种建筑物的内墙、顶棚、梁柱等贴面装饰
复合纸质壁纸	用双层纸(表纸和底纸),通过施胶、层压复合到一起后,再经印刷、压花、涂布等工艺印制而成	(1)色彩丰富、层次清晰、花纹深、花型持久,图案具有强烈的立体浮雕效果。 (2)造价低,施工简便,可直接对花。 (3)无塑料异味,火灾中发烟低,不产生有毒气体。 (4)表面涂覆透明涂层,耐涂	适用于一般饭店、民用住宅等建筑的内墙、顶棚、梁柱等贴面装饰
纺织纤维壁纸	由棉、毛、麻、丝等天然纤维及化纤制成的各种色泽花式的粗细砂或织物再与基层纸贴合而成,也有用扁草竹丝或麻条与棉线交织后同纸基贴合制成的植物纤维壁纸	(1)无毒、吸声、透气,有一定的调湿、防霉功效。 (2)视觉效果好,特别是天然纤维以它丰富的质感产生很好的装饰效果,有贴近自然之感。 (3)防污及可洗性能较差,保养要求高。 (4)易受机械损伤	该材料适用于会议室、接待室、剧院、饭店、酒吧及商店橱窗等
金属壁纸	以铝箔为面层,纸为底层,面层也可印花、压花	(1)表面有不锈钢、黄铜等金属质感与光泽。 (2)使用寿命长、不老化、耐擦洗、耐污染	适用于高级室内装饰

塑料壁纸应用最广。塑料壁纸根据生产工艺不同,可分为:单色印刷壁纸、双色印刷壁纸、压花壁纸、低发泡壁纸、复合多色深压花壁纸、高低壁纸、印刷壁纸、纸基涂布高分子浮液壁纸。为方便施工还分为:无基层壁纸、预涂胶壁纸、可剥离壁纸和分层壁纸。

六、墙 布

墙布的品种及特点见表1-81。

表1-81 墙布的品种及特点

品 种	说 明	特 点	用 途
玻璃纤维墙布	以中碱玻璃纤维为基材,表面涂以耐磨树脂,印上彩色图案而成	(1)色彩鲜艳,花色繁多,室内使用不褪色,不老化。 (2)防火、防潮。耐洗性好,强度高。 (3)施工简单,粘贴方便。 (4)盖底能力差。涂层磨损后散出少量纤维	适用招待所、旅馆饭店、宾馆、展览馆、会议室、餐厅、工厂净化车间、居室等的内墙装饰

品种	说明	特点	用途
无纺墙布	采用棉、麻等天然纤维合成纤维,经成型、上树脂、印花而成	(1)色彩鲜艳,图案雅致,表面光洁。 (2)有弹性,不易折断,能擦洗,不褪色。 (3)纤维不老化、不散失,对皮肤无刺激。 (4)有一定的透气性和防潮性,粘贴方便。 (5)价格较贵	适用于高级宾馆和高级住宅
纯棉装饰墙布	以纯棉平布经过处理、印花、涂层而制成	(1)强度大、耐擦洗、静电小、无光、吸声、无毒、无味。 (2)花型色泽美观大方	用于宾馆、饭店、公共建筑和较高级民用建筑内墙
化纤装饰墙布	以化纤布为基材,经一定处理后印花而成	无毒、无味、透气、防潮、耐磨、无分层等	各级宾馆、旅馆、办公室、会议室和居室
高级墙布	锦缎墙布,丝绸墙布	无毒、无味、透气、吸声、花型色泽美观	宾馆、饭店、廊厅等

七、腻　子

腻子用做修补填平基层表面的麻点、凹坑、接缝、钉孔等。室内用腻子物理性能技术指标见表1-82。

表1-82　室内用腻子物理性能技术指标

项　目			技术指标[①]		
			一般型(Y)	柔韧型(R)	耐水型(N)
容器中状态			无结块、均匀		
低温贮存稳定性[②]			三次循环不变质		
施工性			刮涂无障碍		
干燥时间(表干)(h)	单道施工厚度(mm)	<2	≤2		
		≥2	≤5		
初期干燥抗裂性(3 h)			无裂纹		
打磨性			手工可打磨		
耐水性			—	4 h无起泡、开裂及明显掉粉	48 h无起泡、开裂及明显掉粉
黏结强度(MPa)	标准状态		>0.30	>0.40	>0.50
	浸水后		—	—	>0.30
柔韧性			—	直径100 mm,无裂纹	—

注:①在报告中给出 pH 实测值。

②液态组分或膏状组分需测试此项指标。

八、涂 料

涂料起底油层作用,封闭基底,利于涂刷胶粘剂及减少基层吸水率。常用于裱糊的基层涂料及配方见表1-83。

表1-83　裱糊基层涂料及配方(重量比)

名称	聚酯酸乙烯乳液	羧甲基纤维素	酚醛清漆	松节油	水	备注
108胶涂料(一)	1	0.2	—	—	1	用于抹灰墙面
108胶涂料(二)	1	0.5	—	—	1.5	用于油性腻子墙面
清油涂料	—	—	1	3	—	用于石膏板、木基层

九、花 饰

1. 木花饰

(1)木花饰制品由工厂生产成品或半成品,进场时应检查型号、质量、验证产品合格证。

(2)木花饰在现场加工制作的,宜选用硬木或杉木制作,要求结疤少、无虫蛀、无腐蚀现象;其所用树种、材质等级、含水率和防腐处理必须符合设计要求和《木结构工程施工及验收规范》(GB 50206—2012)的规定。

(3)其他材料:防腐剂、铁钉、螺栓、胶粘剂等,按设计要求的品种、规格、型号购备,并应有产品质量合格证。

(4)木材应提前进行干燥处理,其含水率应控制在12%以内。

(5)凡进场人造木板甲醛含量限值经复验超标的及木材燃烧性能等级不符合设计要求和《民用建筑工程室内环境污染控制规范》(GB 50325—2010)规定的不得使用。

2. 水泥制品花饰

(1)水泥、砂。选用32.5级以上的水泥;砂采用中砂,以防止因砂粒过大造成制品表面粗糙或因砂粒过小造成表面出现裂纹。

(2)石子。由于花饰制品壁较薄,因此石子粒径不宜过大,混凝土花饰宜采用粒径在0.8~1.5 mm的卵石,水磨石花饰宜采用2~4 mm的碎石,石子在使用前应清洗干净。

(3)其他。用以增加构件刚度的钢筋,钢丝,脱模剂,草酸,涂料等应符合设计要求。

3. 竹花饰

(1)竹子应选用质地坚硬、直径均匀、竹身光洁的竹子,一般整枝使用,使用前需作防腐、防蛀处理,如用石灰水浸泡。

(2)销钉可用竹销钉或铁销钉。螺栓、胶粘剂等符合设计要求。

4. 玻璃花饰

(1)玻璃。可选用平板玻璃进行磨砂等处理,或采用彩色玻璃、玻璃砖、压花玻璃、有机玻璃等。

(2)其他材料。金属材料、木料,主要做支承玻璃的骨架和装饰条;钢筋,用做玻璃砖花格墙拉结。这些材料都应符合设计要求。

5. 塑料花饰

塑料花饰制品由工厂生产成品,进场时应检查型号、质量、验证产品合格证。

第二章 村镇建筑抹灰工程

第一节 墙面抹灰构造

一、内、外墙面装饰

墙面装饰分外墙面装饰和内墙面装饰两部分,基本功能见表2-1。

表 2-1 内、外墙面装饰的基本功能

项 目	内 容
内墙面装饰	(1)保护墙体。与外墙体一样,也具有保护墙体的作用。例如人流较多的门厅、走廊等处的适当高度做墙裙、内墙阳角处做护角线处理,将起保护墙体的作用。 (2)保证室内使用条件。经过装饰的墙面变得平整、光滑,不仅保持卫生,而且可以增加光线和反射,提高室内照度;在墙体内侧结合饰面做保温隔热处理,可提高墙体的保温隔热能力;辅助墙体的声学功能。 (3)美化室内环境。内墙装饰与地面、顶棚等的装饰效果相协调,同家具、灯具及其他陈设相结合,可在不同程度上起到装饰和美化室内环境的作用
外墙面装饰	(1)保护墙体。可保护墙体不受外界的侵蚀和影响,提高墙体防潮、抗腐蚀、抗老化的能力,提高墙体的耐久性和坚固性。 (2)改善墙体的物理性能。墙体经过装饰而厚度加大,或者使用一些有特殊性能的材料,能够提高墙体保温、隔热、隔声等功能。 (3)美化建筑立面。采用不同的墙面装饰材料就有不同的构造,会产生不同的使用和装饰效果。立面装饰所体现的质感、色彩、线形等,对构成建筑总体艺术效果具有十分重要的作用

二、墙面装饰的分类

按饰面常用装饰材料、构造方式和装饰效果不同,墙面装饰可分为以下几类。

(1)抹灰类墙体饰面,包括一般抹灰和装饰抹灰饰面装饰。

(2)贴面类墙体饰面,包括石材、陶瓷制品和预制板材等饰面装饰。

(3)涂刷类墙体饰面,包括涂料和刷浆等饰面装饰。

(4)镶板(材)类墙体饰面,包括木制品板材、金属类板材和玻璃类板材等饰面装饰。

(5)卷材类内墙饰面,包括壁制布和壁纸饰面装饰。

(6)其他材料类,如玻璃幕墙等。

三、抹灰类墙体饰面的构造

1. 墙面抹灰的构造组成

墙面抹灰一般由底层抹灰、中间抹灰和面层抹灰三部分组成，如图 2-1 所示。

(1)底层抹灰。主要是对墙体基层表面进行处理，达到与基层黏结和初步找平的作用。砂浆根据基层材料和受水浸湿情况的不同来选择，可以是石灰砂浆、水泥石灰混合砂浆和水泥砂浆，底层抹灰厚度一般为 5～10 mm。

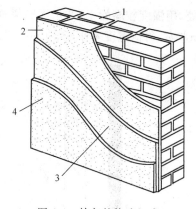

图 2-1 抹灰的构造组成
1—基层；2—底层；3—中间层；4—面层

普通砖墙由于吸水性较大，在抹灰前须将墙面浇湿，以免抹灰后过多吸收砂浆中水分而影响黏结。室内砖墙多采用 1：3 石灰砂浆，或掺入一些纸筋、麻刀以增强黏结力并防止开裂。室外或室内有防水防潮要求时，应采用 1：3 水泥砂浆。

轻质砌块墙体因砌块表面的空隙大，吸水性极强。其常见处理方法：

1)采用 108 胶(配合比是 108 胶：水为 1：4)满涂墙面，以封闭砌块表面空隙；

2)底层抹灰。

在装饰要求较高的饰面中，还应在墙面满钉 0.7 mm 细径镀锌钢丝网(网格尺寸为 32 mm×32 mm)，再做抹灰。

(2)中间抹灰。主要作用是找平、黏结与弥补底层砂浆的干缩裂缝。一般用料与底层相同，厚度为 5～10 mm；可一次抹成，也可分多次抹成。

(3)面层抹灰。又称"罩面"，主要是满足装饰和其他使用功能要求。根据所选装饰材料和施工方法不同，面层抹灰可分为各种不同性质和外观的抹灰。

2. 抹灰类饰面主要特点

(1)墙面抹灰的特点见表 2-2。

表 2-2　墙面抹灰的特点

项目	内　容
优点	材料来源丰富，便于就地取材，施工简单，价格便宜；具有保护墙体、改善墙体物理性能的功能
缺点	抹灰构造多为手工操作，现场湿作业量大；砂浆强度较差，年久易龟裂脱落，颜料选用不当，会导致掉色、褪色等现象；表面粗糙，易挂灰，吸水率高，易形成不均匀污染

(2)外墙面抹灰的主要特点。抹灰类饰面应用于外墙面时，要慎选材料，并采取相应改进措施。外墙面抹面一般面积较大，为操作方便、保证质量、利于日后维修、满足立面要求，正常将抹灰层进行分块，分块缝宽一般为 20 mm，有凸线、凹线和嵌线三种方式。凹线是最常见的一种形式，嵌木条分格构造如图 2-2 所示。

由于抹灰类墙面阳角处很容易碰坏，通常在抹灰前应先在内墙阳角、门洞转角、柱子四角等处,用强度较高的 1∶2 水泥砂浆抹制护角或预埋角钢护角,护角高度应高出楼地面 1.5～2 m左右,每侧宽度不小于 50 mm,如图 2-3 所示。

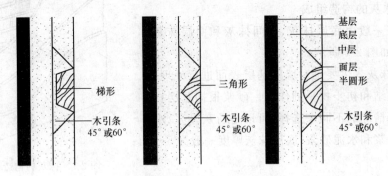

图 2-2 抹灰嵌木条分格构造

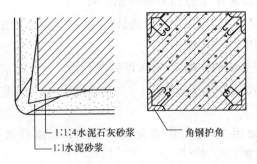

图 2-3 墙和柱的护角

3. 一般抹灰饰面

(1)一般抹灰饰面是指采用石灰砂浆、水泥砂浆、混合砂浆、聚合物水泥砂浆、麻刀灰、纸筋石灰、石膏灰等对建筑物的面层抹灰。根据房屋使用标准和设计要求,一般抹灰可分为普通、中级和高级三个等级见表 2-3。

表 2-3 一般抹灰的等级划分

项目	内　　容
普通抹灰	由底层和面层构成,一般内墙厚度 18 mm,外墙厚度 20 mm。适用于简易住宅、大型临时设施、仓库及高标准建筑物的附属工程等
中级抹灰	由底层、中间层和面层构成,一般内墙厚度 20 mm,外墙厚度 20 mm。适用于一般住宅和公共建筑、工业建筑以及高标准建筑物的附属工程等
高级抹灰	由底层、多层中间层和面层构成,一般内墙厚度 25 mm,外墙厚度 20 mm。适用于大型公共建筑、纪念性建筑以及有特殊功能要求的高级建筑物

(2)一般抹灰的基本构造。根据装饰抹灰等级及基层平整度,需要控制其涂抹遍数和厚度,中间抹灰层所用材料一般与底层相同。在不同的建筑部位、使用不同基层材料时,砂浆种类和厚度的选择可参见表 2-4。

表 2-4　抹灰厚度及适用砂浆种类　　　　　　　　　　　　　(单位:mm)

项目		砂浆种类	底层厚度	砂浆种类	中间层厚度	砂浆种类	面层厚度	总厚度
内砖墙	砖墙	石灰砂浆 1:3	6	石灰砂浆 1:3	10	纸筋灰浆	2.5	18.5
		混合砂浆 1:1:6	6	混合砂浆 1:1:6	10	普通级做法一遍	2.5	18.5
	砖墙(高级)	水泥砂浆 1:3	6	水泥砂浆 1:3	10		2.5	18.5
	砖墙(防水)	混合砂浆 1:1:6	6	混合砂浆 1:1:6	10	中级做法二遍	2.5	18.5
	加气混凝土	水泥砂浆 1:3	6	水泥砂浆 1:3	10		2.5	18.5
		混合砂浆 1:1:6	6	混合砂浆 1:1:6	10	高级做法三遍,最后一遍用滤浆灰	2.5	18.5
	钢丝网板条	石灰砂浆 1:3	6	石灰砂浆 1:3	10		2.5	18.5
		水泥纸筋砂浆 1:3:4	8	水泥纸筋砂浆 1:3:4	10	高级做法厚度为 3.5	2.5	20.5
外砖墙	砖墙	水泥砂浆 1:3	7	水泥砂浆 1:3	8	水泥砂浆 1:2.5	10	25
		混合砂浆 1:1:6	7	混合砂浆 1:1:6	8	水泥砂浆 1:2.5	10	25
	混凝土	水泥砂浆 1:3	7	水泥砂浆 1:3	8	水泥砂浆 1:2.5	10	25
	加气混凝土	加气混凝土界面处理剂	—	水泥加建筑胶刮腻子	—	混合砂浆 1:1:6	8~10	8~10
梁柱	混凝土梁柱	混合砂浆 1:1:4	6	混合砂浆 1:1:5	10	纸筋灰浆,三次罩面,第三次滤浆灰	3.5	19.5
	砖柱	混合砂浆 1:1:6	8	混合砂浆 1:1:4	10		3.5	21.5
阳台雨棚	平面	水泥砂浆 1:3	10			水泥砂浆 1:2	10	20
	顶面	水泥纸筋砂浆 1:3:4	5	水泥纸筋砂浆 1:3:4	5	纸筋灰浆	2.5	12.5
	侧面	水泥砂浆 1:3	5	水泥砂浆 1:3	6	水泥砂浆 1:2	2.5	13.5
其他	挑檐、腰线、遮阳板、窗套、窗台	水泥砂浆 1:3	5	水泥砂浆 1:2.5	8	水泥砂浆 1:2	10	23

4. 装饰抹灰饰面

装饰抹灰是指利用材料特点和工艺处理使抹灰面具有不同质感、纹理和色泽效果的抹灰饰面。装饰抹灰除了具有与一般抹灰相同的功能外,还具有强烈的装饰效果。常见的装饰抹灰饰面见表 2-5。

表 2-5　常见装饰抹灰饰面

项目	内　容
拉条抹灰饰面	(1)用杉木板制作的刻有凹凸形状的模具,沿贴在墙面上的木导轨,在抹灰面层上通过上下拉动而形成规则的细条、粗条、波形条等图案效果。 (2)细条形拉条抹灰面层用水泥:细纸筋石灰:细黄砂为 1:2:0.5 的混合砂浆,粗条形拉条抹灰分两层,黏结层用水泥:细纸筋石灰:中粗砂为 1:2.5:0.5 的混合砂浆,面层用水泥:细纸筋石灰为 1:0.5 的混合砂浆
拉毛饰面	(1)用抹子或硬毛棕刷等工具将砂浆拉出波纹或突起的毛头做成的装饰面层,有小拉毛和大拉毛两种做法。

项目	内 容
拉毛饰面	(2)小拉毛掺入水泥量为5%～20%的石灰膏。大拉毛掺入水泥量为20%～30%的石灰膏,为避免龟裂,再掺入适量砂子和少量的纸筋
甩毛饰面	(1)将面层灰浆用工具甩在抹灰中层上,形成大小不一但又有规律的毛面饰面做法。 (2)甩毛墙面的构造做法是用1∶3水泥砂浆打底,厚度为13～15 mm;五六成干时,刷一道水泥浆或水泥色浆,以衬托甩毛墙面;最后用1∶1水泥砂浆或混合砂浆用毛
扫毛饰面	(1)扫毛抹灰饰面是进行水泥砂浆抹灰后,在其面层砂浆凝固前,按设计图案,用毛扫帚扫出条纹。 (2)面层粉刷是用水泥∶石灰膏∶黄砂为1∶0.3∶4的混合砂浆,其厚度一般为10 mm。扫毛抹灰装饰墙面清新自然,操作简便
搓毛饰面	用1∶1∶6水泥石灰砂浆打底,罩面也用1∶1∶6水泥石灰砂浆,最后进行搓毛。装饰效果不及甩毛和拉毛
扒拉灰饰面	用1∶0.5∶3.5混合砂浆打底,待底层干燥到6～7成时,用1∶1水泥砂浆罩面,面层抹灰厚度10 mm,然后用露钉尖的木块(钉耙子)作工具,挠去水泥浆皮而形成的饰面
假面砖饰面	用掺氧化铁黄、氧化铁红等颜料的彩色水泥砂浆做面层,通过手工操作达到模拟面砖装饰效果的饰面做法。常用配合比是水泥∶石灰膏∶氧化铁黄∶氧化铁红∶砂子为100∶20∶(6～8)∶2∶150(质量比)

5. 石渣类饰面

石渣类饰面是用以水泥为胶结材料、石渣为骨料的水泥石渣浆抹于墙体的表面,然后用水洗、斧剁、水磨等工艺除去表面水泥皮,露出以石渣的颜色和质感为主的饰面做法。传统的石渣类墙体饰面做法有水刷石、干黏石、斩假石、拉假石等见表2-6。

表2-6 石渣类墙体饰面

项目		内 容
假石饰面	斩假石饰面	以水泥石子浆或水泥石屑浆涂抹在水泥砂浆基层上,待凝结硬化具有一定强度后,用斧子及各种凿子等工具,在面层上剁斩出类似石材经雕琢的纹理效果的一种装饰方法。 斩假石饰面的构造做法是先用15 mm厚1∶3水泥浆打底,刮抹一遍素水泥浆(内掺108胶),随即抹10 mm厚水泥∶石渣为1∶1.25的水泥石渣浆,石渣一般采用粒径为2 mm的白色粒石,内掺30%的粒径为0.3 mm的石屑

项目		内　　容
假石饰面	拉假石饰面	将斩假石用的剁斧工艺改为用锯齿形工具,在水泥石渣浆终凝时,挠刮去表面水泥浆露出石渣的构造做法。 　　面层常用水泥:石英砂为1:1.25的水泥石渣浆,厚度为8～10 mm。待面层收水后用靠尺检查平整度,用木抹子搓平、顺直,并用钢皮抹子压一遍。水泥终凝后,用拉耙依着靠尺按同一方向挠刮,除去表面水泥浆,露出石渣
水刷石饰面		用水泥和石子等加水搅拌,抹在建筑物的表面,半凝固后,用喷枪、水壶喷水,或者用硬毛刷蘸水,刷去表面的水泥浆,使石子半露的一种装饰方法。 　　面层水泥石渣浆的配合比依据石渣粒径大小而定,一般为1:1(粒径为8 mm)、1:1.25(粒径为6 mm)、1:1.5(粒径为4 mm),水泥用量要恰好能填满石渣之间的空隙。面层厚度通常为石渣粒径的2.5倍
黏石饰面	干黏石饰面	用拍子将彩色石渣直接黏结在砂浆层上的一种饰面方法,效果与水刷石饰面相似,但比水刷石饰面节约水泥30%～40%,节约石渣50%,提高工效50%,但其黏结力较低,一般与人直接接触的部位不宜采用。 　　干黏石饰面的构造做法一般是用12 mm厚1:3水泥砂浆打底,中间层用6 mm厚1:3水泥砂浆,面层用黏结砂浆,其常用配合比为水泥:砂:108胶=1:1.5:0.15或水泥:石灰膏:砂:108胶=1:1:2:0.15
	喷黏石饰面	利用压缩空气带动喷斗将石渣喷洒在尚未硬化的素水泥浆黏结层上形成的装饰饰面,相对于干黏石工艺,机械化程度高,工艺先进、操作简单、效率高,石渣黏结牢固
	喷石屑饰面	是喷黏石工艺与干黏石做法的发展,喷石屑所用的石屑粒径小,先喷上的石屑之间所留空隙易于被其后的石屑所填充,喷成的表面显得更加密实。由于石屑粒径小,黏结层砂浆厚度可以减薄,只需相当于石屑粒径的2/3～1,即2～3 mm
	干黏喷洗石饰面	装饰效果与干黏石不同的是小石子甩在黏结层上,压实拍平,半凝固后,用喷枪法去除表面的水泥浆,使石子半露,形成人造石料装饰面。既有水刷石饰面的优点,又有干黏石饰面的特点,省工、省料、自重轻

四、贴面类墙体饰面构造

1. 概述

　　贴面类饰面是将大小不同的块材通过构造连接或镶贴于墙体表面形成的墙体饰面。是目前高、中级建筑装饰中经常用到的墙面饰面。

　　常用的贴面材料可分为以下三类。

　　(1)陶瓷制品,如瓷砖、面砖、陶瓷马赛克、玻璃马赛克等。

　　(2)天然石材,如大理石、花岗岩等。

　　(3)预制块材,如水磨石饰面板、人造石材等。

由于块料的形状、质量、适用部位不同,其构造方法也有一定差异。

2. 面砖饰面

(1)面砖多数是以陶土为原料,压制成型后经100℃左右的温度烧制而成的。按其特征可分为上釉和不上釉两种,釉面砖又分为有光釉和无光釉两种。

(2)砖的表面有平滑的和带一定纹理质感的,面砖背部质地粗糙且带有凹槽,以增强面砖和砂浆之间的黏结力,如图2-4(a)所示。

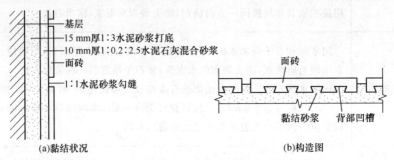

图2-4 面砖饰面构造

(3)面砖饰面的构造做法:

1)在基层上抹15 mm厚1:3的水泥砂浆作底灰,分两层抹平即可,粘贴砂浆用1:2.5水泥砂浆或1:0.2:2.5水泥石灰混合砂浆,其厚度不小于10 mm,若采用掺108胶的1:2.5水泥砂浆粘贴效果更好;

2)在上面贴面砖,并用1:1白色水泥砂浆填缝,并清理面砖表面,构造如图2-4(b)所示。

3. 瓷砖饰面

(1)瓷砖又称"釉面瓷砖",是用瓷土或优质陶土经高温烧制而成的饰面材料。其底胎均为白色,表面上釉有白色和彩色。还有装饰釉面砖、图案釉面砖、瓷画砖等。

1)装饰釉面砖有花釉砖、结晶釉砖、斑纹釉砖、理石釉砖等。

2)图案砖能做成各种色彩和图案、浮雕,别具风格。

3)瓷砖画是将画稿按我国传统陶瓷彩绘技术分块烧成釉面砖,然后再拼成整幅画面。

4)釉面砖颜色稳定,不易褪色,美观,吸水率低,表面细腻光滑,不易积垢,清洁方便。

(2)瓷砖饰面的构造做法:

1)基层用1:3水泥砂浆打底,厚度为10~15 mm;

2)黏结砂浆用1:0.1:2.5水泥石灰膏混合砂浆,厚度为5~8 mm;或用掺5%~7%的108胶的水泥素浆,厚度为2~3 mm;

3)釉面砖贴好后,用清水将表面擦洗干净,然后用白泥擦缝,随即将瓷砖擦干净。

4. 陶瓷马赛克饰面

(1)陶瓷马赛克又称"马赛克",是以优质瓷土烧制而成的小块瓷砖,分为挂釉和不挂釉两种。其规格较小,常用的有18.5 mm×18.5 mm、39 mm×39 mm、39 mm×18.5 mm、25 mm六角形等,厚度为5 mm。

(2)陶瓷马赛克是不透明的饰面材料,具有质地坚实,经久耐用,花色繁多,耐酸、耐碱、耐火、耐磨,不渗水,易清洁等优点。应用于卫生间、走廊、厨房、化验室等处的地面和墙面装饰。

(3)陶瓷马赛克饰面的构造做法。

1)在清理好基层的基础上,用15 mm厚1:3的水泥砂浆打底;

2)黏结层用 3 mm 厚,配合比为纸筋:石灰膏:水泥为 1:1:8 的水泥浆,或采用掺加水泥量 5%～10% 的 108 胶或聚乙酸乙烯乳胶的水泥浆。

5.玻璃锦砖饰面

(1)玻璃锦砖又称"玻璃马赛克",是由各种颜色玻璃掺入其他原料经高温熔炼发泡后,压制而成。

(2)玻璃马赛克是乳浊状半透明的玻璃质饰面材料,色彩更为鲜明,并具有透明光亮的特征,且表面光滑、不易污染,装饰效果的耐久性好。

(3)玻璃马赛克饰面的构造做法。

1)在清理好基层的基础上,用 15 mm 厚 1:3 的水泥砂浆做底层并刮糙,分层抹平,两遍即可,若为混凝土墙板基层,在抹水泥砂浆前,应先刷一道素水泥浆(掺水泥重 5% 的 108 胶)。

2)抹 3 mm 厚 1:(1～1.5)水泥砂浆黏结层,在黏结层水泥砂浆凝固前,适时粘贴玻璃马赛克。粘贴玻璃马赛克时,在其麻面上抹一层 2 mm 左右厚的白水泥浆,纸面朝外,把玻璃马赛克镶贴在黏结层上。

为了使面层黏结牢固,应在白水泥素浆中掺水泥重量 4%～5% 的白胶及掺适量的与面层颜色相同的矿物颜料,然后用同种水泥色浆擦缝。玻璃马赛克饰面构造如图 2-5 所示。

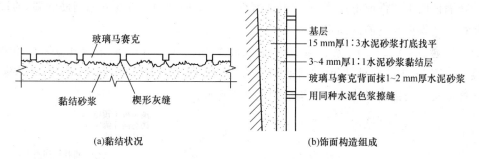

(a)黏结状况   (b)饰面构造组成

图 2-5 玻璃马赛克饰面构造

6.人造石材饰面

(1)预制人造石材饰面板。又称预制饰面板,大多都在工厂预制,然后现场进行安装。其主要类型如下:

1)人造大理石材饰面板;

2)预制水磨石饰面板;

3)预制斩假石饰面板;

4)预制水刷石饰面板;

5)预制陶瓷砖饰面板。

根据材料的厚度不同,预制人造石材饰面板又可分为厚型和薄型两种,厚度为 30～40 mm 以下的称为板材,厚度在 40～130 mm 的称为块材。

(2)人造大理石饰面板饰面。它是仿天然大理石的纹理预制生产的一种墙面装饰材料。构造固定方式有聚酯砂浆粘贴法、水泥砂浆粘贴法、挂贴法、有机胶黏剂粘贴法。

根据所用材料和生产工艺的不同可分为聚酯型人造大理石、无机胶结型人造大理石、复合型人造大理石和烧结型人造大理石。

1)聚酯型人造大理石是在1000℃左右的高温下焙烧而成的,在各个方面基本接近陶瓷制品,其黏结构造方法:

①用12~15 mm厚的1:3水泥砂浆打底;

②黏结层采用2~3 mm厚的1:2细水泥砂浆,为了提高黏结强度,可在水泥砂浆中掺入水泥重5%的108胶。

2)无机胶结型人造大理石饰面和复合型人造大理石饰面的构造,主要应根据其板厚来确定:

①对于厚板,铺贴宜采用聚酯砂浆粘贴的方法。聚酯砂浆的胶砂比一般为1:(4.5~5.0),固化剂的掺用量视使用要求而定,构造如图2-6所示;

②对于薄板,构造方法用1:3水泥砂浆打底,黏结层以1:0.3:2的水泥石灰混合砂浆或水泥:108胶:水=10:0.5:2.6的108胶水泥浆,然后镶贴板材。

(3)预制水磨石饰面板饰面。预制水磨石板可分为普通水磨石板和彩色水磨石板两类。普通水磨石板是采用普通硅酸盐水泥,加白色石子后,经成型磨光制成。彩色水磨石板是用白水泥或彩色水泥,加入彩色石料后,经成型磨光制成。

预制水磨石板饰面构造方法:

1)在墙体内预埋件或甩出钢筋,绑扎直径为6 mm、间距为400 mm的钢筋骨架,通过预埋在预制板上的铁件与钢筋网固定;

2)分层灌注1:2.5的水泥砂浆,每次灌浆高度为20~30 mm,灌浆接缝应留在预制板的水平接缝以下5~10 cm处。第一次灌完浆,将上口临时固定石膏剔掉,清洗干净再安装第二行预制饰面板。人造石材饰面安装构造如图2-7所示。

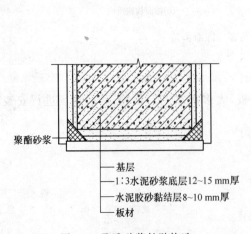

图2-6　聚酯砂浆粘贴构造

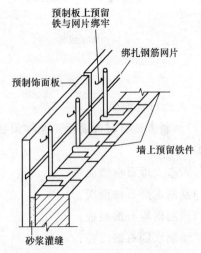

图2-7　人造石材饰面板安装构造

7.天然石材饰面

(1)天然石材饰面板具有各种颜色、花纹、斑点等天然材料的自然美感,装饰效果强,质地密实坚硬,故耐久性、耐磨性等均较好,常用于高级建筑的墙柱饰面。

(2)天然石料如花岗岩、大理石等可以加工成板材、块材用作饰面材料。其特点见表2-7。

表 2-7　天然石材饰面

项目	内　容
大理石板材饰面	大理石是一种变质岩,属于中硬石材,颜色有纯黑、纯白、纯灰等色泽,还有各种混杂花纹色彩。天然大理石的结晶常是层状结构,其纹理有斑或条纹,是一种富有装饰性的天然石材。除汉白玉、艾叶青等少数几种质纯的品种外,大理石一般不宜用于室外。 　　大理石可锯成薄板,经过磨光打蜡,加工成表面光滑的装饰板材,一般厚度为 20~30 mm
花岗岩板材饰面	花岗岩为火成岩中分布最广的岩石,属于硬石材,其构造密实、抗压强度较高,孔隙率及吸水率较小,抗冻性和耐磨性能均好。花岗岩有不同的色彩,纹理多呈斑点状。花岗石不易风化变质,其外观色泽可以保持百年以上,多用于重要建筑的外墙饰面。 　　根据加工方法及形成的装饰质感不同,可分为剁斧板材(表面粗糙,具有规则的条状斧纹)、机刨板材(表面平整,具有平行刨纹)、粗磨板材(表面平滑、无光)、磨光板材(表面平整,色泽光亮如镜,晶粒显露)

（3）大理石和花岗岩饰面板材的安装方法。

1）钢筋网固定挂贴法。

①先凿出在结构中预留的钢筋头或预埋铁环钩,绑扎或焊接与板材相应尺寸的一个直径为 6 mm 的钢筋网,横筋必须与饰面板材的连接孔位置一致,钢筋网与基层预埋筋件焊牢,如图 2-8 所示,按施工要求在板材侧面打孔洞,以便不锈钢挂钩或穿绑铜丝与墙面预埋钢筋骨架固定。

②将加工成型的石材绑扎在钢筋网上,或用不锈钢挂钩与基层的钢筋网套紧,石材与墙面之间的距离一般为 30~50 mm,墙面与石材之间灌注 1∶2.5 水泥砂浆,每次不宜超过200 mm 及板材高度的 1/3,待初凝再灌第二层至板材高度的 1/2,第三层灌浆至板材上口 80~100 mm,所留余量为上排板材灌浆的结合层,以使上下排连成整体。钢筋网固定挂贴法构造如图 2-9 所示。

2）金属件锚固挂贴法。又称木楔固定法,与钢筋网挂贴法的区别是墙面上不安钢筋网,将金属件一端楔入墙身固定,另一端勾住石材。主要构造做法:

①对石板钻孔和踢槽,对应板块上孔的位置对基体进行钻孔;

②板材安装定位后将 U 形钉一端勾进石板直孔,并用硬木楔楔紧,U 形钉另一端勾入基体上的斜孔内,调整定位后用木楔塞紧基体斜孔内的 U 形钉部分,接着用大木楔塞紧于石板与基体之间;

③分层浇筑水泥砂浆,做法与钢筋网固定挂贴法相同。

3）干挂法。直接用不锈钢型材或金属连接件将石板材支托并锚固在墙体基面上,而不采用灌浆湿作业的方法。其优点是,石板背面与墙基体之间形成空气层,可避免墙体析出的水分、盐分等对饰面石板的腐蚀。主要构造做法:

①按照设计在墙体基面上电钻打孔,固定不锈钢膨胀螺栓;

②将不锈钢挂件安装在膨胀螺栓上;

③安装石板,并调整固定,如图 2-10 所示。

目前干挂法流行构造方法是板销式,如图 2-11 所示。

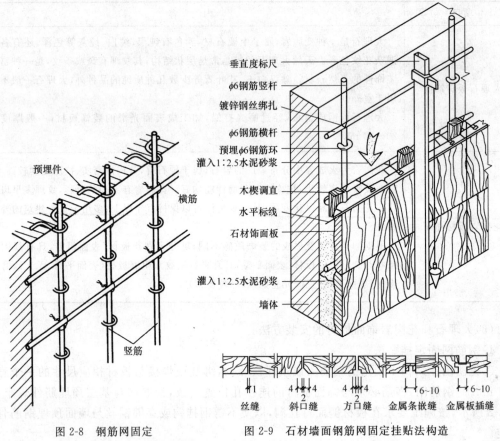

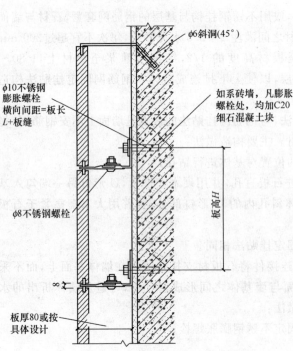

图 2-8 钢筋网固定

图 2-9 石材墙面钢筋网固定挂贴法构造

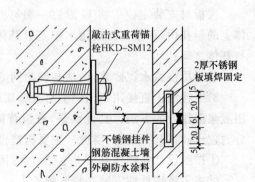

图 2-10 石材板干挂基本构造

图 2-11 石材板干挂法板销式构造

4)聚酯砂浆固定法。用聚酯砂浆固定饰面石材的具体做法是在灌浆前先用胶砂比1：（4.5～5）的聚酯砂浆固定板材四角并填满板材之间的缝隙,待聚酯砂浆固化并能起到固定拉紧作用以后,再进行分层灌浆操作。分层灌浆的高度每层不能超过15 cm,初凝后方能进行第二次灌浆。不论灌浆次数及高度如何,每层板上口应留5 cm余量作为上层板材灌浆的结合层。聚酯砂浆固定贴面石材如图2-12所示。

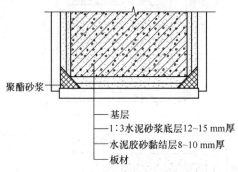

图2-12　聚酯砂浆粘贴构造

5)树脂胶黏结法。它是石面板材墙面装饰最简捷经济的一种装饰工艺,具体构造做法：

①在清理好的基层上,先将胶黏剂涂在板背面相应的位置,尤其是悬空板材胶黏剂量必须饱满;

②将带胶黏剂的板材就位,挤紧找平、校正、扶直后,立刻进行预、卡固定。挤出缝外的胶黏剂,随即清除干净。待胶黏剂固化至与饰面石材完全牢固贴于基层后,方可拆除固定支架。

8.细部构造

(1)不同基层和材料的构造处理。根据墙体基层材料、饰面板的厚度及种类的不同,饰面板材的安装构造也不同。

1)在砖墙等预制块材墙体的基层上安装天然石块时,在墙体内预埋U形铁件,然后铺设钢筋,如图2-13(a)所示。

2)混凝土墙体等现浇墙体,采用在墙体内预设金属导轨等铁件的方法,一般不铺设钢筋网,如图2-13(b)所示。

3)在饰面材料方面,对于板材,通常采用打孔或在板上预埋U形铁件,然后用钢丝绑扎固定的方法;而对于块材,一般采用开接榫口或埋置U形铁件来固定连接。

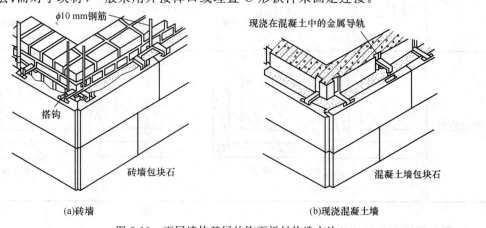

(a)砖墙　　　　　　　　　　　　　　(b)现浇混凝土墙

图2-13　不同墙体基层的饰面板材构造方法

（2）小规格板材饰面构造。小规格饰面板是指用于踢脚板、勒脚、窗台板等部位的各种尺寸较小的天然或人造板材，以及加工大理石、花岗岩时所产生的各种不规则的边角碎料。通常直接用水泥浆、水泥砂浆等粘贴，必要时可辅以铜丝绑扎或连接，如图 2-14 所示。

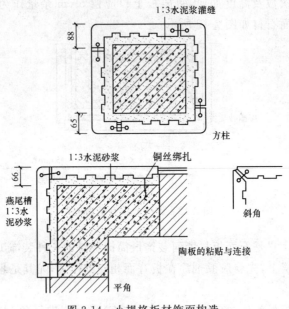

图 2-14 小规格板材饰面构造

（3）转折交接处的细部构造。

1）墙面阴阳角的细部构造处理方法见表 2-8。

表 2-8 墙面阴阳角构造处理方法

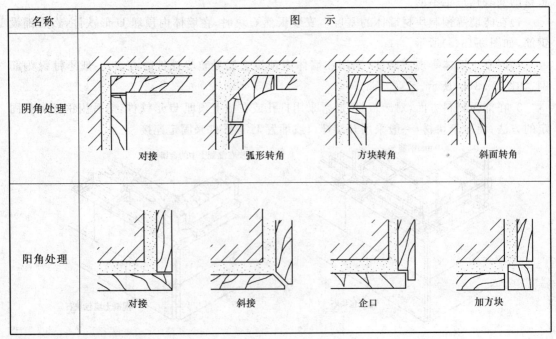

2）饰面板墙面与踢脚板交接处的细部构造处理方法。

①墙面凸出踢脚板。

②踢脚板凸出墙面(踢脚板顶部需要磨光,容易积灰尘)。图 2-15 为饰面板墙面与踢脚板交接的构造处理。

(4)饰面板墙面与地面交接的细部构造。大理石、花岗岩墙面或柱面与地面的交接,宜采用踢脚板或饰面板直接落在地面饰面层上的方法,使接缝比较隐蔽,略有间隙可用相同色彩的水泥浆封闭。其构造如图 2-16 所示。

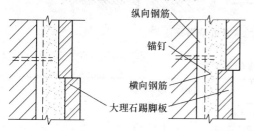

图 2-15　饰面板墙面与踢脚板交接的构造处理

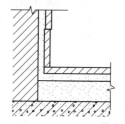

图 2-16　饰面板墙面与地面交接构造

(5)饰面板墙面与顶棚交接时,常因墙面的最上部一块饰面板与顶棚直接碰上而无法绑扎铜丝或灌浆(如果有吊顶空间,则不存在这种现象)。对于单块面积小的板材在侧面绑扎,并在石板背面抹水泥浆将其粘到基层上;对于单块面积大的板材,为防止产生下坠、空鼓、脱落等问题,在板材墙面与顶棚之间留出一段距离,改用其他饰面材料的方法来做过渡处理。具体做法如图 2-17 所示。

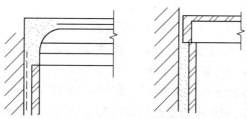

图 2-17　饰面板墙面与顶棚交接构造

(6)拼缝。饰面板的拼缝对装饰效果影响很大,常见的拼缝方式有平接、搭接、嵌件、加件、拐角对接、斜口对接等,如图 2-18 所示。

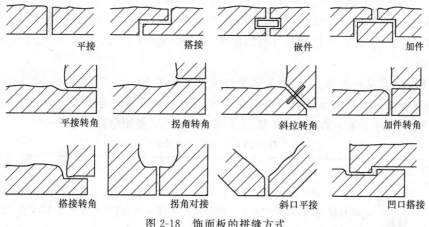

图 2-18　饰面板的拼缝方式

(7)灰缝。板材类饰面通常都留有较宽的灰缝,尤其是采用凿琢表面效果的饰面板墙面,灰缝的形式有凸形、凹形、圆弧形等。常将饰面板材、块材的周边凿琢成斜口或凹口等不同的形式。常见的灰缝处理形式如图 2-19 所示。灰缝的宽度见表 2-9。

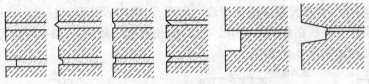

图 2-19　饰面板的灰缝处理形式

表 2-9　饰面板的灰缝宽度

名　　称		灰缝宽度(mm)
天然石	光面、镜面	1
	粗磨面、麻面、条纹面	5
	天然面	10
人造石	水磨石	2
	水刷石	10

五、涂刷类墙体饰面构造

1. 概述

涂刷类饰面是指在墙面基层上,经批刮腻子处理,使墙面平整,然后在其上涂刷选定的建筑涂料所形成的一种饰面。与其他种类饰面相比,涂刷类最为简单,具有工效高、工期短、材料用量少、自重轻、造价低、维修更新方便等优点。

目前,发展最快的是各种涂料。涂刷类饰面的涂层构造,一般可分为以下三层。

(1)底层。俗称刷底漆,主要作用是增加涂层与基层之间的粘附力,进一步清理基层表面的灰尘,使一部分悬浮的灰尘颗粒固定于基层;具有基层封闭剂(封底)的作用,可以防止木脂、水泥砂浆抹灰层中的可溶性盐等物质渗出表面,造成对涂饰饰面的破坏。

(2)中间层。是整个涂层构造中的成型层,通过适当的工艺,形成具有一定厚度的、匀实饱满的涂层,以达到保护基层和形成所需装饰效果的目的。

(3)面层。主要是体现涂层的色彩和光感,提高饰面层的耐久性和耐污染能力。一般应涂刷两遍,以保证色彩均匀、满足耐久性与耐磨性等方面的要求。

2. 分类

根据主要饰面材料的种类,可将涂刷类饰面分为刷浆类饰面、涂料类饰面和油漆类饰面。

(1)刷浆类饰面。是将水质类涂料刷在建筑物抹灰层或基体等表面上形成的装饰层。水质涂料种类很多,主要有水泥浆、石灰浆、大白粉浆饰面、可赛银浆等见表 2-10。

表 2-10　主要的水质涂料

项目		内　　容
水泥浆饰面	避水色浆饰面	又名"憎水水泥浆",是在白水泥中掺入消石灰粉、石膏、氯化钙等无机物作为保水和促凝剂,另外还掺入硬脂酸钙作为疏水剂,以减少涂层的吸水性,延缓其被污染的过程聚合物

项目		内　　容
水泥浆饰面	水泥砂浆饰面	用有机高分子材料取代上述无机辅料掺入水泥中，形成了有机、无机复合水泥浆。聚合物水泥浆涂料的主要成分为水泥、高分子材料、分散剂、憎水剂和颜料
石灰浆饰面		将生石灰(CaO)按一定比例加水混合，充分消解后形成熟石灰浆[Ca(OH)$_2$]，加水调和而成的。石灰浆涂料与基层黏结力不是很强，易蹭灰、掉粉；耐水性较差，涂层表面孔隙率高，很容易吸入水分形成污染，耐久性也较差；但货源充分，价格较低，施工、维修、更新方便，是一种低档的室内外饰面材料
大白粉浆饰面		以大白粉(也称"白垩粉"、"老粉"、"白土粉")、胶结料为原料，用水调和混合均匀而成的涂料，其盖底能力较高，涂层外观较石灰浆细腻洁白，而且货源充足，价格很低，施工、维修、更新比较方便，广泛用于室内的墙面及顶棚饰面
可赛银浆饰面		以硫酸钙、滑石粉等为填料，以酪素为黏结料，掺入颜料混合而成的粉末状材料。在生产过程中经过磨细、混合，质地更细腻，均匀性更好，色彩更容易取得一致的效果。可赛银浆与基层的黏结力较强，耐碱和耐磨性也较好，属内墙装饰的中档涂料

(2)涂料类饰面。建筑涂料饰面一般可分为以下四类。

1)溶剂型涂料饰面。以高分子合成树脂为主要成膜物质，有机溶剂为稀释剂，加入适量的颜料填料及辅料，经辊轧塑化、研磨搅拌溶解而配制成的一种挥发性涂料，一般用于建筑外墙。

溶剂型涂料饰面在墙面基层上涂刷涂料两遍，间隔 24 h，可在 5～8 年内保持良好的装饰效果。

溶剂型外墙涂料主要有过氯乙烯涂料、苯乙烯焦油涂料、聚乙烯醇缩丁醛涂料和氯化橡胶涂料。

2)乳液型涂料饰面。乳液型涂料是以水分为分散介质，无毒、不污染环境，性能和耐久效果都比油漆好。

乳胶漆和乳液厚涂料的涂膜有一定的透气性和耐碱性，可以在基层抹灰未干透只是达到基层龄期的情况下进行施工。用于外墙时，可先在基层表面满刷一遍按 1：3 稀释的 108 胶或其他同类乳液水，有利于对涂料与基层的黏结。

3)硅酸盐无机涂料饰面。以碱性硅酸盐为基料(常用硅酸钠、硅酸钾和胶体氧化硅)，外加硬化剂、颜料、填料及助剂配制而成。

具有良好的耐光、耐热、耐放射线及耐老化性，加入硬化剂后涂层具有较好的耐水性及耐冻融性，有较好的装饰效果，同时无机涂料的原料来源方便、无毒、对空气无污染，成膜温度比乳液涂料低，适用于一般建筑外饰面。无机建筑涂料用喷涂或滚涂的施工方法。

4)水溶性涂料饰面——聚乙烯醇类涂料饰面。以聚乙烯醇树脂为主要成膜物质，优点是不掉粉，有的能经受湿布轻擦，价格不高，施工也较方便。用聚乙烯醇内墙涂料涂刷墙面，要求墙面基层必须清扫干净，基层上的麻面孔洞必须用涂料加大白粉配成腻子披嵌。

(3)油漆类饰面。用油漆做成的饰面称为油漆饰面。建筑墙面装饰用油漆一般为调和漆，是将基料、填料、颜料及其他辅料调制成的漆。

调和漆分为油性调和漆和磁性调和漆。磁性调和漆膜的光泽、硬度和强度比较好。无光漆的色调柔和舒适,不反光,墙面基层微小的疵病不易反映出来,遮盖能力胜于有光漆,在室内墙面装饰中应用广泛。

用油漆做墙面装饰时,要求基层平整,充分干燥,且无任何细小裂纹。一般构造做法:

1)在墙面上用水泥石灰砂浆打底;

2)用水泥、石灰膏、细黄砂粉面刷两层,总厚度在 20 mm 左右;

3)刷油漆,一般油漆至少涂刷一底二度。

六、镶板(材)类墙体饰面构造

1. 概述及特点

镶板类墙面是指用竹、木及其制品,石膏板、矿棉板、塑料板、玻璃、薄金属板材等材料制成的饰面板,通过镶、钉、拼、贴等构造方法构成的墙面饰面。这些材料有较好的接触感和可加工性,所以在建筑装饰中被大量采用。

镶板类饰面的特点包括以下三点。

(1)装饰效果丰富。不同的饰面板,因材质不同,可以达到不同的装饰效果。如采用木条、木板做墙裙、护壁使人感到温暖、亲切、舒适、美观;采用木材还可以按设计需要加工成各种弧面或形体转折,若保持木材原有的纹理和色泽,则更显质朴、高雅;采用经过烤漆、镀锌、电化等处理过的铜、不锈钢等金属薄板饰面,则会使墙体饰面色泽美观,花纹精巧,装饰效果华贵。

(2)耐久性能好。根据墙体所处环境选择适宜的饰板材料,若技术措施和构造处理合理,墙体饰面必然具有良好的耐久性。

(3)施工安装简便。饰面板通过镶、钉、拼、贴等构造方法与墙体基层固定,虽然施工技术要求较高,但现场湿作业量少,安全简便。

2. 木质类饰面

(1)木质类饰面板包括木条、竹条、实木板、胶合板、刨花板等,因有良好的质感和纹理,导热系数低,接触感好,经常用在室内墙面护壁或其他有特殊要求的部位。

(2)木与木制品护壁的基本构造。光洁坚硬的原木、胶合板、装饰板、硬质纤维板等可用作墙面护壁,护壁高度 1～1.8 m,甚至与顶棚做平。其构造方法:

1)在墙内预埋木砖,墙面抹底灰,刷热沥青或铺油毡防潮;

2)钉双向木墙筋,一般 400～600 mm(视面板规格而定),木筋断面(20～45) mm×(40～45) mm。当要求护壁离墙面一定距离时,可由木砖挑出。

木护壁构造如图 2-20 所示。

(3)吸声、消声、扩声墙面的基本构造。表面粗糙,具有一定吸声性能的刨花板软质纤维板、装饰吸声板等可用于有吸声、扩声、消声等物理要求的墙面。

对胶合板、硬质纤维板装饰吸声板等进行打洞,使之成为多孔板,可以装饰成吸声墙面,孔的部位与数量根据声学要求确定。在板的背后、木筋之间要求补填玻璃棉、矿棉、棉或泡沫塑料块等吸声材料,松散材料应先用玻璃丝布、石棉布等进行包裹。其构造与木护壁板相同,如图 2-21 所示。

用胶合板做成半圆柱的凸出墙面作为扩声墙面,可用于要求反射声音的墙面,如录音室、播音室等。扩声墙面构造如图 2-22 所示。

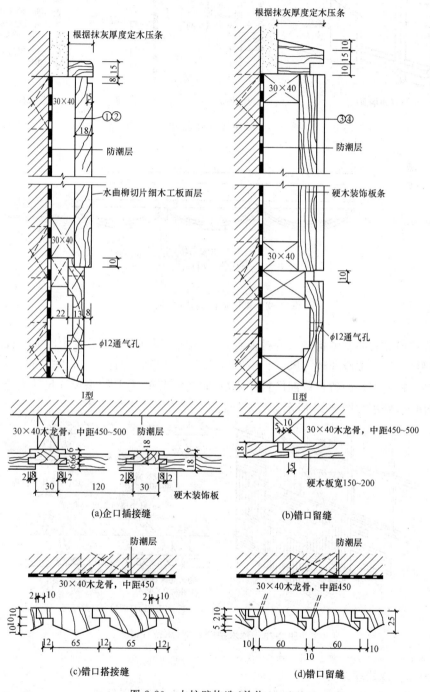

图 2-20　木护壁构造(单位:mm)

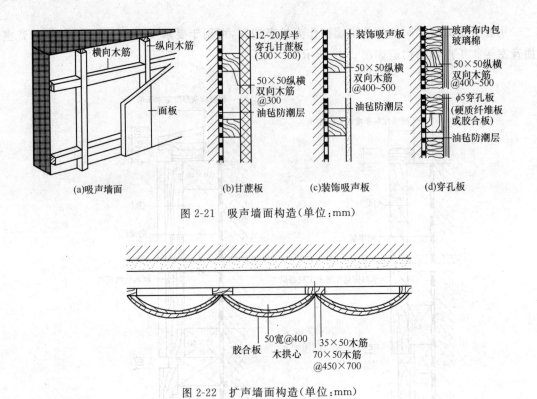

图 2-21 吸声墙面构造(单位:mm)

(a)吸声墙面　　(b)甘蔗板　　(c)装饰吸声板　　(d)穿孔板

图 2-22 扩声墙面构造(单位:mm)

(4)竹护壁饰面的基本构造。竹材表面光洁、细密,其抗拉、抗压性能均优于普通木材,富有韧性和弹性,具有浓厚的地方风格。一般应选用直径均匀的竹材,约 $\phi120$ mm 左右的整圆或半圆使用,较大直径的竹材可剖成竹片使用,取其竹青作面层,根据设计尺寸固定在木框上,再嵌在墙面上,做法如图 2-23 所示。

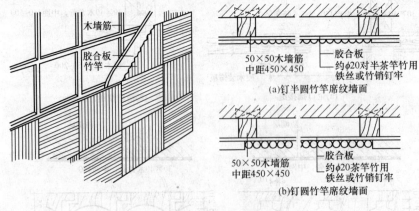

(a)钉半圆竹竿席纹墙面

(b)钉圆竹竿席纹墙面

图 2-23 竹木护壁构造(单位:mm)

(5)细部构造处理。

1)板与板的拼接构造。按拼缝的处理方法可分为平缝、高低缝、压条、密缝、离缝等方式,如图 2-24 所示。

2)踢脚板构造。踢脚板的处理主要有外凸式与内凹式两种方式。当护墙板与墙之间距离较大时,一般宜采用内凹式处理,踢脚板与地面之间宜平接,如图 2-25 所示。

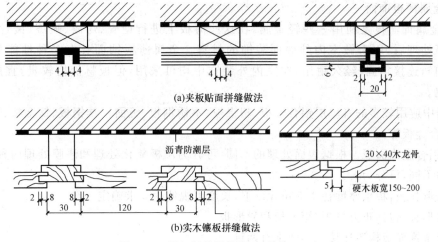

(a)夹板贴面拼缝做法

沥青防潮层

30×40木龙骨

硬木板宽150~200

(b)实木镶板拼缝做法

图 2-24 板与板的拼接构造(单位:mm)

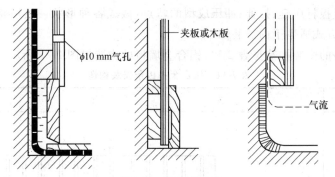

图 2-25 踢脚板构造

3)护墙板与顶棚交接处构造。护墙板与顶棚交接处的收口以及木墙裙的上端,一般宜做压顶或压条处理,构造如图 2-26 所示。

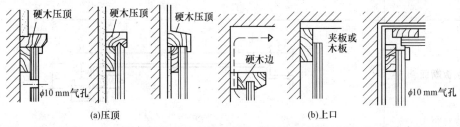

(a)压顶　　　　　　　　　　　　　　　　(b)上口

图 2-26 护墙板与顶棚交接处构造

4)拐角构造。阴角和阳角的拐角可采用对接、斜口对接、企口对接、填块等方法,如图 2-27 所示。

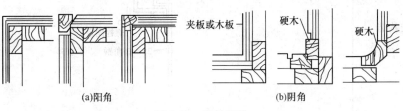

(a)阳角　　　　　　　　　　　　　　(b)阴角

图 2-27 拐角构造

3. 金属薄板饰面

(1)金属饰面板是利用一些轻金属,在这些薄板上进行搪瓷、烤漆、喷漆、镀锌、电化覆盖塑料等处理后,用来做室内外墙面装饰的材料。金属薄板饰面具有多种性能和装饰效果,自重轻,连接牢固,经久耐用,在室内外装饰中均可采用,但板材价格较贵,宜用于重点装饰部位。

工程中应用较多的有单层铝合金板、塑铝板、不锈钢板、镜面不锈钢板、钛金板、彩色搪瓷钢板、铜合金板等。

(2)铝合金饰面板。根据表面处理的不同,可分为阳极氧化处理和漆膜处理两种;根据几何尺寸的不同,可分为:

1)条形扣板,板条厚度在 1.5 mm 以下,长度可视使用要求确定;

2)方形板,包括正方形板、矩形板和异形板。

铝合金饰面板构造连接方式通常有两种:

1)直接固定,将铝合金板块用螺栓直接固定在型钢上;

2)利用铝合金板材压延、拉伸、冲压成型的特点,做成各种形状。然后将其压卡在特制的龙骨上,这种连接方式适用于内墙装饰。

铝合金扣板条的安装构造见表 2-11,铝合金墙板的构造如图 2-28 所示。

表 2-11　铝合金扣板条安装构造　　　　　　　　　　(单位:mm)

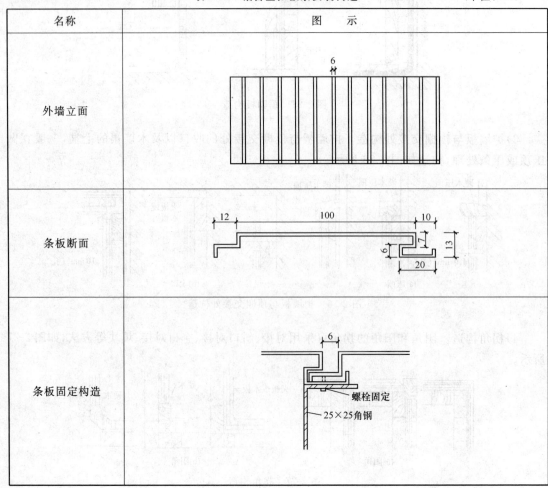

名　称	图　　示
外墙立面	
条板断面	
条板固定构造	

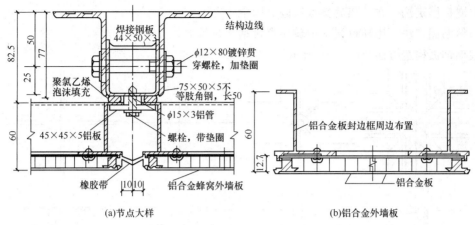

图 2-28　铝合金墙板构造(单位：mm)

（3）不锈钢板饰面板。根据表面处理方式不同分为镜面不锈钢板、压光不锈钢板、彩色不锈钢板和不锈钢浮雕板。不锈钢板的构造固定与铝合金饰板构造相似，一般有两种方法。

1）将骨架与墙体固定，用木板或木夹板固定在龙骨架上作为结合层，将不锈钢饰面镶嵌或粘贴在结合层上，如图 2-29 所示。

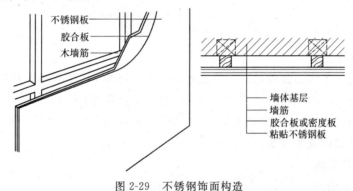

图 2-29　不锈钢饰面构造

2）采用直接贴墙法，将不锈钢饰面直接粘贴在墙表面上，这种做法要求墙体表面找平层坚固且平整，否则难以保证质量。

4. 玻璃饰面

（1）玻璃饰面是采用各种平板玻璃、压花玻璃、磨砂玻璃、彩绘玻璃、蚀刻玻璃、镜面玻璃等作为墙体饰面。具有光滑、易于清洁、装饰效果豪华美观的特点，与灯具和照明结合起来会形成各种不同的环境气氛和光影趣味。

（2）玻璃饰面基本构造做法：

1）在墙基层上设置一层隔汽防潮层，按要求立木筋，间距按玻璃尺寸，做成木框格；

2）在木筋上钉一层胶合板或纤维板等衬板；

3）将玻璃固定在木边框上。

（3）固定玻璃的方法主要有以下四种。

1）螺钉固定法。在玻璃上钻孔，用不锈钢螺钉或铜螺钉直接把玻璃固定在板筋上。

2）嵌条固定法。用硬木、塑料、金属（铝合金、不锈钢、铜）等压条压住玻璃，压条用螺钉固定在板筋上。

3)嵌钉固定法。在玻璃的交点用嵌钉固定。

4)粘贴固定法。用环氧树脂把玻璃直接粘在衬板上。

玻璃饰面构造方法如图 2-30 所示。

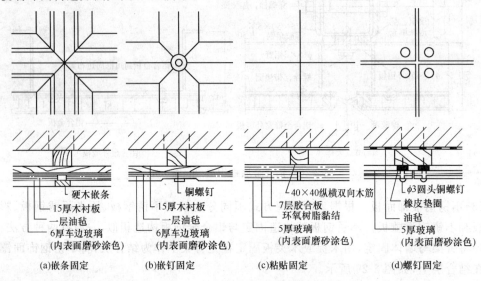

(a)嵌条固定   (b)嵌钉固定   (c)粘贴固定   (d)螺钉固定

图 2-30　玻璃饰面构造(单位:mm)

5. 石膏板饰面

(1)石膏板是用建筑石膏加入纤维填充料、胶黏剂、缓凝剂、发泡剂等材料,两面用纸板辊成的板状装饰材料。具有可钉、可锯、可钻、可黏结等加工性能,表面可油漆、喷刷涂料、裱糊壁纸,且有防火、隔声、质轻、不受虫蛀等优点,可用于室内墙面和吊顶装饰工程。

(2)石膏板墙面的安装方法。

1)胶黏剂粘贴方法。

2)用钉固定方法。

①先在墙体上涂刷防潮涂料。

②在墙体上铺设龙骨,将石膏板钉在龙骨上。龙骨用木材或金属制作,金属墙筋用于防火要求较高的墙面,采用木龙骨时,石膏板可直接用钉或螺栓固定,如图 2-31(a)所示。采用金属龙骨时,应先在石膏板和龙骨上钻孔,然后用自攻螺栓固定,如图 2-31(b)所示。

③板面修饰。

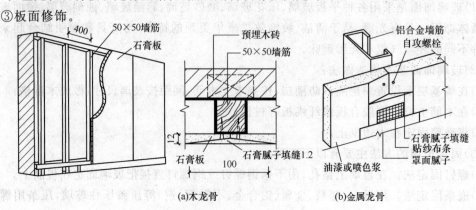

(a)木龙骨   (b)金属龙骨

图 2-31　石膏板饰面构造(单位:mm)

6. 塑料护墙板饰面

(1)塑料护墙板主要是指硬质 PVC、GRP 波形板、格子板、挤压异形板等,其主要特点是重量轻、易清洁、色彩艳丽、装饰效果多样、施工更换方便等。用于室内墙面的塑料应具有低燃烧性能,用于室外墙面的塑料应具有良好的抗老化性。

(2)塑料护墙板饰面构造做法。

1)在墙体上固定龙骨。

2)用卡子或与板材配套的专门的卡入式连接件将护墙板固定在龙骨上。

七、卷材类内墙饰面构造

1. 概述

卷材类墙面是指用建筑装饰卷材,通过裱糊或铺钉等方式覆盖在墙外表面而形成的饰面。现代室内装修中,经常使用的卷材有壁纸、壁布、皮革、微薄木等。卷材的色彩、纹理和图案丰富,品种众多,若运用得当,可形成绚丽多彩、质感温暖、古雅精致、色泽自然逼真等多种装饰效果。

2. 壁纸饰面

各种壁纸均应粘贴在具有一定强度、平整光洁的基层上,如水泥砂浆、混合砂浆、混凝土墙体、石膏板等。壁纸饰面的构造做法:

(1)用稀释的 108 胶水涂刷基层一遍,进行基层封闭处理;

(2)壁纸预先进行胀水处理;

(3)用 108 胶裱贴壁纸。

预涂胶壁纸,裱糊时先用水将背面胶黏剂浸润,然后直接粘贴壁纸;若是无基层壁纸,可将剥离纸剥去,立即粘贴。

裱贴工艺有搭接法、拼缝法等,裱贴时应注意保持纸面平整,搭接处理和拼花处理,选择合适的拼缝形式。

3. 壁布饰面

壁布可直接粘贴在墙面的抹灰层上,其裱糊的方法与纸基墙纸大体相同。壁纸壁布饰面构造如图 2-32 所示。

4. 皮革或人造革饰面

(1)皮革或人造革饰面具有质地柔软、保温性能好、能消声减震、耐磨、易保持清洁卫生、格调高雅等特点,常用于练功房、健身房、幼儿园等要求防止碰撞的房间,也用于录音室、电话间等声学要求较高的房间以及酒吧、会客厅、客房等房间。

(2)皮革或人造革饰面的构造做法与木护壁相似:

1)先进行墙面的防潮处理,抹 20 mm 厚 1∶3 水泥砂浆,涂刷冷底子油并粘贴油毡;

2)固定龙骨架,一般骨架断面为(20～50) mm×(40～50) mm,钉胶合板衬底,龙骨间距由设计要求的皮革面分块大小决定;

3)将皮革或人造革固定在衬板上。固定皮革的方法有两种:一种是采用暗钉将皮革固定在骨架上,最后用电化铝帽头钉按划分的分格尺寸在每一分块的四角钉入固定;另一种是木装饰线条或金属装饰线条沿分格线位置固定。

5. 微薄木饰面

(1)微薄木是由天然木材经机械旋切加工成 0.2～0.5 mm 厚的薄木片。其特点是厚薄均匀、木纹清晰,并且保持了天然木材的真实质感。微薄木表面可以着色、涂刷各种油漆,也可模仿木制品的涂饰工艺,做成清漆等。

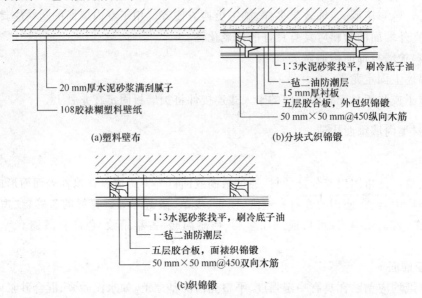

(a)塑料壁布
— 20 mm厚水泥砂浆满刮腻子
— 108胶裱糊塑料壁纸

(b)分块式织锦锻
— 1:3水泥砂浆找平,刷冷底子油
— 一毡二油防潮层
— 15 mm厚衬板
— 五层胶合板,外包织锦锻
— 50 mm×50 mm@450纵向木筋

(c)织锦锻
— 1:3水泥砂浆找平,刷冷底子油
— 一毡二油防潮层
— 五层胶合板,面裱织锦锻
— 50 mm×50 mm@450双向木筋

图 2-32 壁纸壁布饰面构造

(2)微薄木的基本构造与裱贴壁纸相似。

1)基层处理,在基层上以化学糨糊加老粉调成腻子,满批两遍,干后用 0 号砂纸打磨平整,再满涂清油一道;

2)涂胶粘贴,在微薄木背面和基层表面同时均匀涂刷胶液(聚乙烯乙酸乳液∶108 胶＝7∶30),涂胶晾置 10～15 min,当粘贴表面胶液呈半干状态时,即可开始粘贴,接缝处采用衔接拼缝,拼缝后,宜随手用电熨斗烫平压实;

3)漆饰处理,待微薄木干后,即可按木材饰面的设计要求进行漆饰处理,油漆表面必须尽可能地将木材纹理显露出来。

八、墙面装饰配件构造

1. 窗帘盒

窗帘盒设置在窗口上方,主要用来吊挂窗帘,并对窗帘导轨等构件起遮挡作用。其长度一般为洞口宽度＋400 mm 左右(洞口两侧各 200 mm 左右);深度(即出挑尺寸)与所选用的窗帘材料的厚薄和窗帘的层数有关,一般为 120～200 mm。窗帘盒内吊挂窗帘的方式有软线式、棍式和轨道式三种。

2. 暖气罩

暖气散热器一般设在窗前下,通常与窗台板等连在一起。常用的布置方法有窗台下式、沿墙式、嵌入式和独立式等几种。暖气罩既要能保证室内均匀散热,又要造型美观。

暖气罩的做法有两种。一种是木制暖气罩,采用硬木条、胶合板等做成格片状,或采用上下留空的形式,如图 2-33 所示;另一种是金属暖气罩,采用钢或铝合金等金属板冲压打孔,或采用格片等方式制成暖罩,如图 2-34 所示。

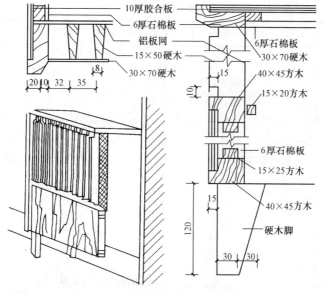

图 2-33　木制暖气罩构造（单位：mm）

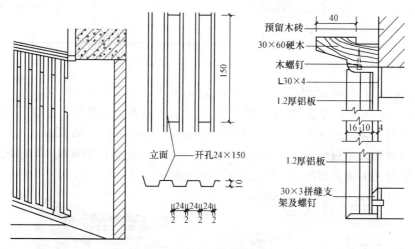

图 2-34　金属暖气罩构造（单位：mm）

3. 筒子板

筒子板是门洞、窗洞或其他洞口、洞壁和转角处的装饰板，主要起保护洞口和美化空间的作用。

常用的筒子板装饰材料有木板、夹板、天然石板、人造石板、塑料板、铝合金板、不锈钢板等，筒子板的材料应与墙面饰材相协调。门洞筒子板的几种装饰构造见表 2-12。

表 2-12　门洞筒子板装饰构造

名　称	图　示	名　称	图　示
胶合板筒子板镶木线		木板筒子板镶木线	

名　称	图　示	名　称	图　示
石材筒子板		铝合金型材筒子板	
不锈钢型材筒子板		钛合金型材筒子板	

4. 装饰线脚

装饰线脚有抹灰线脚、木线脚及其他材料线脚,其中抹灰线脚和木线脚应用广泛。

(1)抹灰线脚,其式样很多,线条有简有繁,形状有大有小。一般可分为以下两种。

1)简单灰线。常用于室内顶棚四周及方柱、圆柱的上端,如图 2-35 所示。

2)多线条灰线。一般指三条以上、凹槽较深、开头不一定相同的灰线,常用于房间的顶棚四周、舞台口、灯光装置的周围等,其形式如图 2-36 所示。

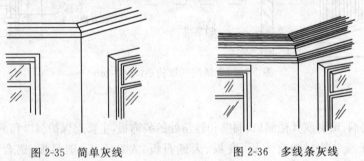

图 2-35　简单灰线　　　　　图 2-36　多线条灰线

(2)木线脚,主要有檐板线脚、挂镜线脚等。

(3)石膏线脚,用石膏粉掺入纤维脱模而成,成本低,效果良好。

(4)金属线脚,用铝、铜、不锈钢板冲压而成,体轻壁薄。

木线脚和金属线脚的断面形式如图 2-37 所示。

5. 墙体变形缝

变形缝分伸缩缝、沉降缝和抗震缝三种。

墙体变形缝又分为外墙变形缝和内墙变形缝。内墙变形缝按所处位置分为平墙变形缝、阴角变形缝和门洞变形缝三种,如图 2-38 所示,内墙变形缝构造见表 2-13。

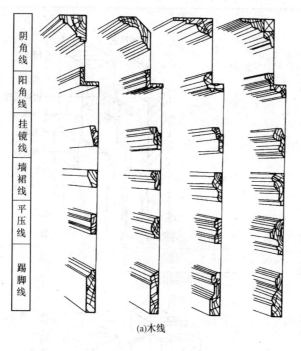

阴角线
阳角线
挂镜线
墙裙线
平压线
踢脚线

(a)木线

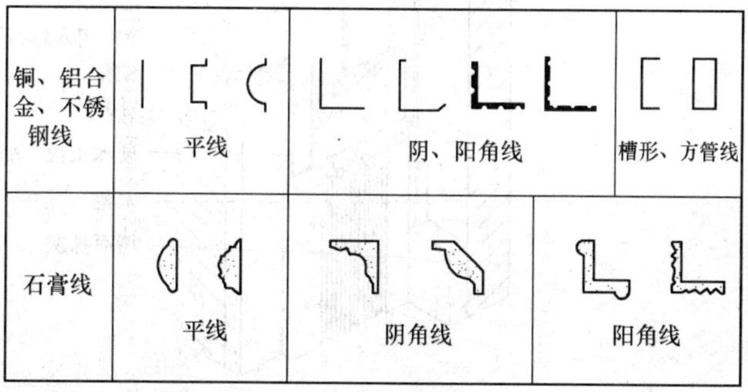

铜、铝合金、不锈钢线	I [(	L L L L	□ □
	平线	阴、阳角线	槽形、方管线
石膏线			
	平线	阴角线	阳角线

(b)金属线

图 2-37 装饰线类型

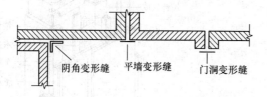

阴角变形缝　平墙变形缝　门洞变形缝

图 2-38 内墙变形缝做法种类

表 2-13　内墙变形缝构造

名称	图　示
平墙变形缝	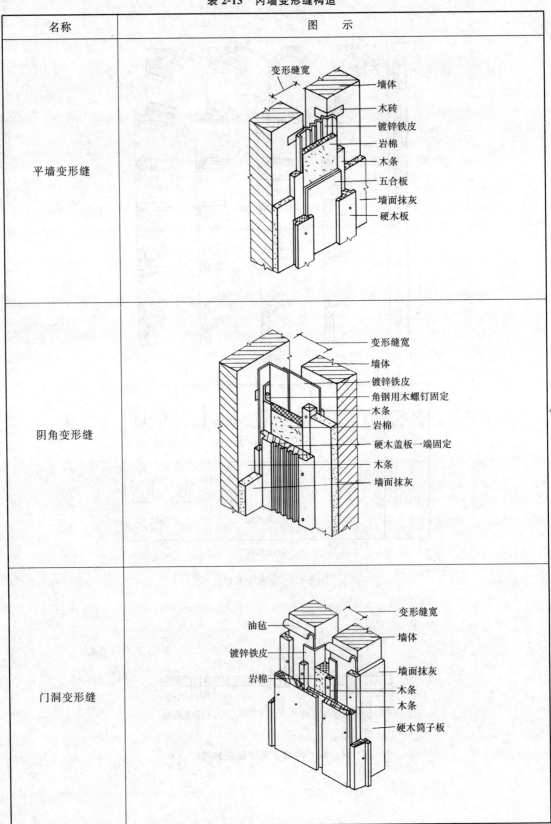
阴角变形缝	
门洞变形缝	

6. 壁橱

壁橱一般设在建筑物的入口附近、边角部位或与家具组合在一起。壁橱深一般不小于500 mm。

壁橱主要由壁橱板和橱门构成,壁橱门可平开或推拉,橱内有抽屉、搁板、挂衣棍和挂衣钩等构件。

壁橱的构造应解决防潮和通风问题,当壁橱兼作两个房间的隔断时,应有良好的隔声性能,较大的壁橱还可以安装照明灯具。

九、其他墙柱面构造

1. 不锈钢板饰面

(1)不锈钢装饰板用于外墙、柱面装饰,不仅光亮夺目,而且经久耐用。由于不锈钢板表面平滑便于保洁,具有良好的抵抗大气腐蚀的特性,所以在许多公共建筑的外檐装饰工程中被广泛采用。

(2)不锈钢装饰板(薄板)可以加工成一般平板、带孔的或成型的异型板材、盖缝条、角材等,主要用作覆面、装饰线条、加工成盒状饰物等。

(3)在建筑装饰工程中经常使用的不锈钢平面板材,可分为以下两种。

1)反光率在90%以上的有光泽钢板—镜面不锈钢板,其表面细腻光滑,光亮如镜,反射率、变形率均与高级镜面相似,并有与玻璃不同的装饰效果;不锈钢板具有耐火、耐潮湿、易清洁、不易破碎、在与其他材料及固定件相互连接时极为方便等特点。

2)反光率在50%以下的无光泽钢板—发纹不锈钢板。

将钛合金镀在不锈钢板等基层材料的表面使其表面达到金光闪闪华贵无比效果的叫作钛金板。钛金板的使用方式和其他不锈钢薄板相同。

(4)不锈钢板饰面的一般构造。

1)骨架的布置与固定。在基体墙上做纵、横方向金属龙骨构成骨架,通过金属角码将骨架用螺栓或电焊焊接固定。柱面饰面的骨架有以下三种。

①钢骨架。用槽钢、角钢加工焊接而成,其衬底亦采用钢板衬,适用于室外体量较大的柱面。

②钢木混合结构骨架。用角钢焊接骨架,用方木、胶合板作衬板,适用于室内体量较大的柱面。

③木骨架。用方木和多层胶合板连接成框架,适用于室内体量较小的柱面,如图2-39所示。

2)基层板的设置。根据金属薄板及连接方式铺设基层板(如镀锌钢板,胶合板等)以加强面板刚度和便于粘贴面板。

3)不锈钢面板的固定。将不锈钢面板用卡口或胶黏剂固定在底层板上。

4)板缝修饰。板缝的处理方法有直接采用密封胶填缝和采用压条遮盖板缝两种。室外板缝应作防雨处理。

(5)圆柱上安装不锈钢板,通常将不锈钢板按设计要求加工成曲面,一个圆柱面一般由两片或三片不锈钢曲面组装而成,安装的关键在片与片间衔接处,方式有直接卡口式和嵌槽压口式两种,如图2-40所示。

(6)墙柱面上安装不锈钢板,通常用胶合板做基层。在平面上用万能胶把不锈钢板面粘贴在胶合板基层上,在转角处用不锈钢型材封边,并用硅酮胶封口。另一种方法与圆柱安装方法相同,如图 2-41 和图 2-42 所示。

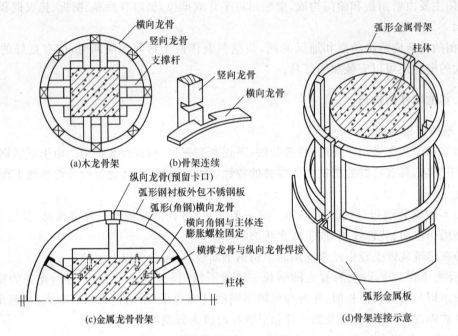

图 2-39　装饰圆柱龙骨骨架

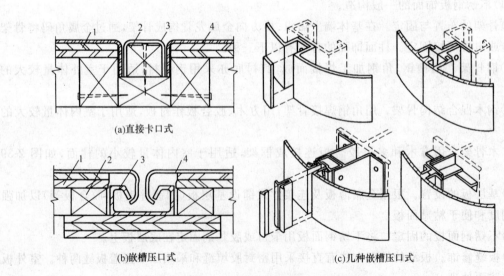

图 2-40　圆柱面不锈钢板安装示意

1—木夹板;2—垫木;3—不锈钢槽条;4—不锈钢板

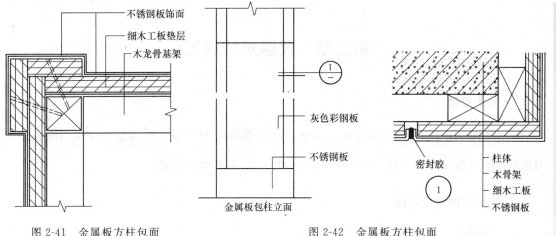

图 2-41　金属板方柱包面　　　　　　　　图 2-42　金属板方柱包面

2. 彩色镀锌压型钢板

(1)彩色镀锌压型钢板是近年来出现的一种新材料,其涂层分为底层(结合层)、面层(着色层与罩面上光)或再涂一层上光层(保护层),涂层的总厚度仅为 40 μm。

(2)涂层的结合力、韧性极高,因此在板压制时涂层不会出现微裂、镀层剥落等不良现象,同时也保证了不受大气侵蚀而生锈,为彩色钢板的压型加工制成各种线型断面创造了有利条件。

(3)彩色镀锌板材的颜色有多种,板材的厚度常见为 0.5 mm、0.75 mm、4 mm、1.0 mm、1.5 mm,板材的宽度多为 1 000～1 200 mm,长度可根据需要加工。

(4)彩色镀锌板材作为饰面其表面现代味很强,既可以同不锈钢板相媲美(包边角框),又可同铝板相同做墙体饰面板,被广泛用于机场候机大厅、会展中心等大型公共建筑空间的墙面。由于此板材自重轻、刚度大、防腐蚀性能好、色彩品种多、加工简便且价格较复合铝塑板等金属装饰板便宜,因而为装饰设计提供了更加广阔的选择余地。

(5)彩色镀锌钢板的安装构造做法与不锈钢薄板相同,如图 2-43 所示。

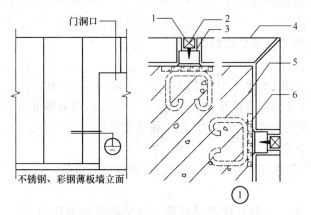

图 2-43　不锈钢、彩钢薄板墙柱面构造示意
1—不锈钢槽或彩钢条、铝板条;2—垫木;3—金属方通;
4—不锈钢薄板或彩钢条;5—混凝土方柱;6—预埋件

第二节　普通抹灰施工

一、工艺流程

门窗框四周堵缝 → 墙面清理浇水 → 基层处理 → 吊垂直、套方、抹灰饼、冲筋 → 弹灰层控制线 → 抹底灰砂浆 → 弹分格线 → 粘分格条 → 抹面层砂浆 → 起条、勾缝 → 养护

二、基层为混凝土墙面

1. 门窗框四周堵缝

抹灰前先检查门窗框的位置是否正确，与墙连接是否牢固。门窗框四周缝隙应按设计要求材料做法嵌填。

2. 墙面清理浇水

将墙基体表面的灰尘、污垢和油渍等清理干净，并全面浇水湿润。

3. 基层处理

使用 1：3 水泥砂浆，将墙面上安装用预留孔洞和预埋件周边堵塞严实，将混凝土墙面凹处刷净水洇透后补平。将混凝土墙面凸出部分剔平。

若混凝土表面光滑，一般对其表面使用界面剂处理：将光滑的表面清扫干净，用水冲洗后晾干，然后采用机械喷涂或用扫帚刷一层掺入混凝土界面剂（如掺入强力 NDC-C1，该界面剂配合比为胶水：水泥：砂＝1：2：2）的聚合物水泥砂浆，或者将光滑混凝土表面用錾子剔毛，使其表面粗糙不平。基层处理完毕后的墙面应浇水湿润。

4. 吊垂直、套方、抹灰饼、冲筋

分别在门窗口角、垛和墙面等处吊垂直，横线则以楼层为水平基线或＋50 cm 标高线控制，套方抹灰饼，并按灰饼冲筋。

5. 弹灰层控制线

冲筋后在墙面上弹出抹灰层控制线。

6. 抹底层砂浆

刷掺胶粘剂的水泥浆（如水重 10% 的 108 胶）一道（水灰比为 0.4～0.5），紧跟抹 1：3 水泥砂浆（或 1：0.3：3 水泥混合砂浆，水灰比为 0.4～0.5），每遍厚度控制在 5～7 mm，应分层与所冲的筋抹平，并且用大杠刮平、找直，用木抹子搓毛。

7. 弹分格线、粘分格条

底层砂浆抹好后，按图纸尺寸弹出分格线，并依线粘分格条。

8. 抹面层砂浆

底层砂浆抹好后第二天即可抹面层砂浆。面层砂浆配合比为 1：2.5 水泥砂浆（或 1：0.3：2.5 水泥混合砂浆），抹灰厚度控制 5～8 mm，先用水湿润，接着薄薄地刮一层素水泥膏，使其与底灰粘牢，紧跟抹罩面灰与分格条抹平，并用杠刮平，用木抹子搓毛，用铁抹子溜光压实。待表面无明水时，用软毛刷蘸水轻刷一遍，以保证面层灰的颜色一致，避免和减少收缩裂缝。

9. 起条、勾缝

待抹灰表面无明水后可将分格条起出，灰层干后用素水泥膏将缝钩好，对于难起的分格条，不应硬起，以防损坏棱角，应待灰层干透后再起条并补勾缝。

10. 养护

水泥砂浆抹灰面层应适时喷水养护。

11. 抹灰的施工顺序

从上往下打底，底层砂浆抹完后，将架子升上去，再从上往下抹面层砂浆。应注意在抹面层以前，先检查底层砂浆有无空、裂现象，如有空、裂，应剔凿返修后再抹面层灰；另外注意应先清理底层砂浆上的尘土、污垢并浇水湿润后，方可进行面层抹灰。

12. 滴水线(槽)

在檐口、窗台、窗楣、雨棚、阳台、压顶和突出墙面等部位，其上面应做出流水坡度，下面应做滴水线(槽)。流水坡度应保证坡向正确，滴水线(槽)距外表面不应小于 40 mm，滴水槽的宽度和深度均不应小于 10 mm。

三、基层为加气混凝土

1. 墙面清理浇水、基层处理

将加气混凝土表面的粉尘扫净，然后浇透水，使水浸入加气混凝土内 10 mm 为宜。对于缺棱掉角或接缝高差较大的部位，可用 1∶1∶6 水泥混合砂浆(或掺入水重 20% 的 108 胶)分层衬平，每层厚度5～7 mm，待抹灰层凝固后浇水润透。然后将所有墙面做毛化处理，使用上述配合比的砂浆(其砂子应过细纱筛子)用扫帚甩点(或用泵喷)，将墙面全部毛化，第二天开始浇水养护。

2. 吊垂直、套方、抹灰饼、冲筋

同"二、基层为混凝土墙面"中的第 4 条的规定。

3. 抹底层砂浆

先刷掺水重 10% 的 108 胶水泥浆一道(水灰比 0.4～0.5)，随刷随抹水泥混合砂浆，配合比 1∶1∶6，每层厚度 5～7 mm。大杠刮平木抹子搓毛，终凝后开始喷水养护。

可在混合砂浆中掺入粉煤灰，则其配合比可改为 1∶0.5∶0.5∶6(水泥∶磨细生石灰粉∶粉煤灰∶砂)。

4. 弹线分格、粘分格条、抹面层砂浆

首先应按图纸要求弹线分格，粘分格条注意粘竖条时应粘在所弹竖线的同一侧。条粘好后，当底灰五、六成干时可抹面层砂浆。先刷掺胶水泥浆一道(水重 10% 的 108 胶)，紧跟抹面层砂浆的配合比为 1∶1∶5 水泥混合砂浆或为 1∶0.5∶0.5∶5 水泥粉煤灰混合砂浆，一般厚度 5 mm 左右，分两次与分格条抹平，再用大杠横竖刮平，木抹子搓毛，铁抹子压实、压光，待表面无明水后，用软毛刷子蘸水按垂直于地面方向轻刷一遍，使其面层颜色一致。做完面层后应喷水养护，养护要充分。

5. 滴水线(槽)

滴水线(槽)同"二、基层为混凝土墙面"中的第 12 条做法。

四、基层为砌块或砖墙

1. 墙面清理、浇水和基层处理

将墙面上残存的砂浆、污垢和尘土等清理干净，用水将砖缝中的灰尘冲掉，将墙面浇水湿润。

2. 吊垂直、套方、抹灰饼

同"二、基层为混凝土墙面"中的第 4 条的规定。

3. 冲筋、抹底层砂浆

冲筋常温时可采用水泥混合砂浆,配合比为 1∶0.5∶4,冬期施工底灰为水泥砂浆配合比为 1∶3。

抹底层砂浆配比同上,应分层抹与所充的筋找平,用大杠横竖刮平,木抹子搓毛,终凝后浇水养护。

4. 弹线分格、粘分格条、抹面层砂浆

按图纸的尺寸弹线分块,粘分格条后抹面层砂浆,操作方法同前。面层砂浆的配合比,常温可采用 1∶0.5∶3.5 水泥混合砂浆。

5. 滴水线(槽)

滴水线(槽)同"二、基层为混凝土墙面"中的第 12 条做法。

五、冬期施工

一般抹灰工程的施工环境温度应在 +5℃ 以上。冬期施工应另编冬施方案。

六、预拌砂浆

预拌砂浆抹灰的操作工艺与现场搅拌砂浆相同,关键是必须把握预拌砂浆在其规定的存放时间内使用完毕。

对于预拌砂浆,存放时间是指湿拌砂浆运到工地后按一定的方法储存与保管,能保证砂浆的使用性能的时间。

对于干拌砂浆,存放时间是指砂浆干拌料装袋或装罐后到加水搅拌使用的时间,干拌砂浆存放时间应当短于其有效期,干拌砂浆应严格按使用说明书加水。

七、抹灰工艺

按热工设计要求需粘贴保温材料的内外墙保温系统抹灰工艺另见专项施工工艺标准。

第三节 装饰抹灰施工

一、粉刷石膏抹灰的施工

1. 工艺流程

墙面清理 → 弹线 → 安装隔板、贴踢脚板、粘贴玻纤网布 → 抹粉刷石膏 → 做门窗口护角等 → 粘贴 B 型坡纤网布 → 刮耐水腻子

2. 墙面清理

(1)将墙基体表面的灰尘、污垢和油渍等清理干净,凡凸出墙面的混凝土、砂浆块等都必须清除掉。

(2)墙面清理后喷水润湿。对于加气混凝土墙面应使用喷雾器反复均匀喷水,使墙面吸水

达到 10 mm 以上,但又不能有明水。

3. 弹线、安装隔板、贴踢脚板

(1)依据楼层控制线和吊垂线,弹出抹灰控制线。

(2)按设计要求做法把隔板等预制构件安装完毕。

(3)如为预制踢脚板应先粘,按控制线使用胶粘剂将预制踢脚板满粘完毕。

4. 粘贴玻纤网布

在预制隔板接缝处以及不同基层材料的连接处,均应先用黏结石膏(JD—3)粘贴 A 型中碱玻纤网布,基体两侧粘贴宽度均不应少于 100 mm;在门窗口阳角应粘贴一层 A 型中碱玻纤网布,粘贴每边宽度不少于 100 mm,并在门窗口四角按 45°斜向加铺一层玻纤网布,网布的长度为 400 mm,宽度不少于 200 mm。

5. 抹粉刷石膏

(1)制备粉刷石膏浆料:底层和面层抹灰粉刷石膏料浆分别拌制,均应保证在硬化前使用完毕,已凝结的料浆不可再次加水搅拌使用。

底层抹灰用粉刷石膏料浆的拌制。在拌灰铁板上倒入底层用石膏粉,按标准稠度用水量的1.1～1.15 倍取所需水倒入石膏粉中,用铁锹在 3～5 min 内拌均匀,静停 3～5 min 后再次搅拌即可使用。

面层抹灰用粉刷石膏料浆的拌制。按标准稠度用水量的 1.1～1.15 倍取所需水,倒入搅拌桶,再倒入石膏粉,用手提搅拌器搅拌均匀,搅拌时间 2～5 min,静置 10 min 左右,再进行二次搅拌,达到均匀后方可使用。

(2)抹底层粉刷石膏。用托灰板盛底层抹灰料浆,用抹子由左往右、由上往下,按标筋厚度将料浆涂于墙上。紧跟着用刮板由左往右刮去多余的料浆,并补足凹进的部位(如工程量大,此项操作应单独安排一人进行)。此工序在料浆初凝前可反复几遍,直至达到满意的墙面平整度。如底层抹灰总厚度超过8 mm时,应分层抹,当此层总厚度超过 35 mm 时,抹灰时应压入一层或数层绷紧的 A 型中碱玻纤网布,待底层抹灰初凝时及时用木抹子搓毛。

(3)抹面层粉刷石膏。底层抹灰终凝后可抹面层料浆,面层厚度一般为 1～3 mm,面层料浆终凝前(抹灰后约 30 min)可以进行面层压光。

6. 做门窗口护角等

门窗口护角及踢脚水泥砂浆抹灰做法:先将混凝土基层表面刷混凝土界面剂 JD-601,然后用 1∶2.5 水泥砂浆抹灰,压光时应注意把粉刷石膏抹灰层内甩出的玻纤网布,压入水泥砂浆面层内,阳角用铁捋子撸成小圆。

厨房、厕所等湿度较大的房间,要改用耐水型粉刷石膏(JD-05)抹面层,然后再粘瓷砖或刮两遍耐水腻子做耐水涂料。

7. 粘贴 B 型玻纤网布

待粉刷石膏抹灰层干燥后,用胶粘剂(JD-611)粘贴绷紧的 B 型中碱玻纤网布。

8. 刮耐水腻子

待胶粘剂凝固硬化后,即可在玻纤网布上满刮两遍耐水腻子。

二、墙面水刷石施工

1. 工艺流程

门窗周边分层填塞缝隙 → 基层处理 → 墙面浇水 → 吊垂直、套方、抹灰饼、冲筋 → 抹底层砂浆 →

弹线 → 粘分格条、滴水条 → 抹石渣浆 → 反复揉压拍实刷洗 → 铁抹子压光、压实 → 手压泵冲洗 →

起条、水泥膏勾缝

2. 基层为混凝土外墙

(1)门窗周边分层填塞缝隙。门窗框安装固定好后,将周边缝隙按设计要求的材料分层填塞严实。

(2)基层处理。将混凝土表面凿毛,将松散不实剔净,用钢丝刷将粉尘刷掉,用清水冲洗干净,墙面浇水湿润。若有油污,用脱油剂刷净,并用清水冲洗晾干。

表面清理后喷或甩掺用水量20%的108胶的1:1水泥细砂浆,进行毛化处理,终凝后浇水养护,直至砂浆与混凝土粘牢,用手掰砂浆不脱落,方可进行打底。

当表面很光滑时宜采用混凝土界面剂处理,按照(NDC-C1)界面剂:水泥:砂=1:2:2的比例配制,用扫帚甩点,以增加混凝土表面的粗糙度,待其干硬后再进行打底。

(3)墙面浇水。抹底层砂浆前墙面应全面浇水润湿。

(4)吊垂直、套方、抹灰饼、冲筋。用线坠从顶层往下绷钢丝吊垂直,或用经纬仪打垂直线,在大角、门窗洞两侧等分层抹灰饼,并按线分层抹灰饼找规矩,使横竖方向达到平整一致。然后按照所抹的灰饼冲筋。

(5)抹底层砂浆。先刷一道掺用水量10%的108胶的水泥素浆,随即紧跟着分层分遍抹底层砂浆,常温打底配合比可选用1:0.5:3水泥石灰膏砂浆,紧跟着用大杠横竖刮平,并用木抹子搓毛或划出纹道。终凝后开始浇水养护。

(6)弹线,粘分格条、滴水条。按图纸尺寸分格弹线粘条,分格条上皮要做到平整,线条横平竖直交圈对口。檐口、窗台、碹脸、阳台和雨罩等底面应做滴水槽,上宽7 mm,下宽10 mm,深10 mm,距外皮不少于30 mm,滴水条粘贴应顺直。

(7)抹石渣浆。刮一道掺用水量10%的108胶的水泥素浆,紧跟着抹石渣浆(水泥:石渣=1:1.5(小八厘),或=1:2.5(中八厘)),自下而上分两遍与分格条抹平,并且及时用小杠检查其平整度(抹石渣层要高于分格条约1 mm),然后将石渣层压平、压实。

门窗碹脸、窗台、阳台和雨罩等部位刷石应先做小面,后做大面,以保证大面的清洁美观。

(8)反复揉压拍实刷洗。将已抹好的石碴面层反复揉压拍平压实,用刷子蘸水将水泥浆刷去。

(9)铁抹子压光、压实。使用铁抹子重新将石碴面层压实溜光,反复进行3~4遍。

(10)手压泵冲洗。待面层开始初凝时(指捺无痕,用水刷子刷不掉石粒为度),一人用刷子蘸水刷去水泥浆,另一人紧跟着用手压泵的喷头由上往下喷水冲洗,喷头一般距墙面10~20 cm,把表面水泥浆冲洗干净露出石渣,最后用小水壶浇清水将石渣表面冲净。

刷石阳角部位时,喷头应从外往里喷洗,最后用小水壶浇水冲净。

大面积墙面刷石一天完不成,继续施工冲刷新活之前,应将前一天做的刷石用水淋透,以备喷刷时沾上水泥浆后便于清洗,防止污染墙面。槎子应留在分格缝上。

(11)起条、水泥膏勾缝:待墙面水分控干后,起出分格条并及时用水泥膏勾缝。当采用塑料分格条时,分格条不用起出,清理干净即可。

3. 基层为砖墙

(1)门窗周边分层填塞缝隙。门窗框安装固定好后,周边缝隙按设计要求材料嵌填。

（2）基层处理。抹灰前将基层上的尘土、堵脚手眼、污垢清扫干净，并浇水湿润。

（3）吊垂直、套方、抹灰饼、冲筋。从顶层开始用特制线坠绷钢丝吊直，然后分层抹灰饼；在阴阳角、窗口两侧、柱、垛等处均应吊线找直，并抹好灰饼冲好筋。

（4）抹底层砂浆。采用 1∶3 水泥砂浆打底，抹灰时以冲筋为准控制抹灰的厚度，应分层分遍装档，直至与筋抹平。要求抹头遍灰时用力抹，将砂浆挤入砖墙灰缝中使其黏结牢固，表面找平搓毛，终凝后开始浇水养护。

（5）弹线，粘分格条、滴水条。按图纸尺寸弹线分格，粘分格条，分格条要横平竖直交圈，檐口、窗台、磉脸、阳台和雨罩底面应做滴水槽，上宽 7 mm，下宽 10 mm，深 10 mm，距外皮不少于 30 mm，滴水条粘贴应顺直。

（6）抹石渣浆。先刮一道掺用水量 10% 的 108 胶的水泥素浆，随即抹 1∶1.5 水泥石渣浆（小八厘）或 1∶2.5 水泥石渣浆（中八厘），抹时应由下至上一次抹到分格条的厚度，并用靠尺随抹随找平，凸凹处及时处理，找平后压实、压平、拍平至石渣大面朝上为止。

（7）压实、修整、冲洗。已抹好的石渣面层应拍平压实，将其内水泥浆挤出，用水刷子蘸水将水泥浆刷去，重新压实溜光，反复进行 3～4 遍，待面层开始初凝（指捺无痕），用刷子刷不掉石渣为度，一人用刷子蘸水刷去水泥浆，另一人紧跟着用手压泵喷头由上往下顺序喷水刷洗，喷头一般距墙面 10～20 cm，把表面水泥浆冲洗干净露出石渣，最后用小水壶浇清水将石渣冲净，等墙面水分控干后，起出分格条，并及时用水泥膏勾缝。

门窗磉脸、窗台、阳台和雨罩等部位刷石先做小面，后做大面，以保证墙面清洁美观。刷石阳角部位时喷头应由外往里冲洗，最后用小水壶浇水冲净。

大面积墙面刷石一天完不成，如继续施工时，冲刷新活前应将前一天做的刷石用水淋湿，以备喷刷时沾上水泥浆后便于清洗，防止污染墙面。

4. 水刷豆石施工工艺

水刷豆石作法与水刷石基本相同，只是将石碴浆换成小豆石浆粉刷而成，小豆石使用前至少过两遍筛，以去掉过大过小的石子，仅保留粒径 5～8 mm 豆石，一般常温施工采用配合比 1∶2.5（水泥∶小豆石）。

三、斩假石的施工

1. 工艺流程

基层处理 → 吊垂直、套方、找规矩 → 贴灰饼 → 抹底层砂浆 → 抹面层石渣浆 → 浇水养护 → 弹线 → 剁石

2. 基层处理

砖墙基层处理：将墙面残存的砂浆、舌头灰剔干净，清理墙面的灰尘和污垢，用净水清洗墙面达到均匀湿润。

混凝土基层处理：首先将凸出墙面的混凝土剔平。将表面尘土、污垢清扫干净，用脱油剂将墙面的油污刷掉，用净水将脱污剂冲净、晾干。

当基层混凝土表面比较光滑时，需采取"毛化处理"，具体办法：涂刷混凝土界面剂或胶粘砂浆（如用强力 NDC-C1、水泥、细砂按照 1∶2∶2 的比例配制成浆料，用笤帚将砂浆甩到混凝土光面上，可达到较高的黏接强度）。也可用錾子将混凝土光面均匀剔麻，使表面粗糙不平形成毛面。

3. 吊垂直、套方、找规矩

根据设计图纸的要求,把设计需要做斩假石的墙面、柱面中心线、四周大角及门窗口用线坠吊垂直线,横线则以楼层为水平基线或+50 cm标高线控制。

4. 贴灰饼

按照吊垂直、套方贴砂浆灰饼,每层打底时以此灰饼用为基准点进行冲筋找规矩,做到横平竖直。同时要注意找好突出檐口、腰线、窗台、雨棚及台阶等饰面的流水坡度。

5. 抹底层砂浆

抹灰前将基层均匀浇水湿润,先刷一道掺用水量10%的108胶的水泥素浆,紧跟着按事先冲好的筋分层分遍抹1:3水泥砂浆,第一遍厚度宜为5 mm,抹后用笤帚扫毛;待第一遍六至七成干时可抹第二遍,厚度约6~8 mm与筋抹平,用抹子压实,刮杠找平、搓毛,墙面阴阳角要垂直方正。终凝后浇水养护。台阶底层要根据踏步的宽和高垫好靠尺抹水泥砂浆,抹平压实,每步的宽和高要符合图纸的要求,台阶面向外坡1%。

6. 抹面层石渣浆

根据设计图纸的要求在底子灰上弹好分格线,当设计无要求时,也要适当分格。首先将墙、柱、台阶等底子灰浇水湿润,然后用素水泥膏把分格条贴好。粘竖条时应注意粘在所弹竖线的同一侧。条粘好后当底灰五六成干,分格条有一定强度时,便可抹面层石渣,先抹一层素水泥浆随抹面层,面层抹1:2(体积比)水泥石碴浆,厚度为10 mm左右。然后用铁抹子横竖反复压几遍,直至赶平压实边角无空隙为止。随即用软毛刷蘸水把表面水泥浆刷掉,使露出的石渣均匀一致。

7. 浇水养护

面层抹完后隔24h开始浇水养护。

8. 弹线、剁石

抹好后常温(15℃~30℃)约隔2~3 d可开始试剁,在气温较低时(5℃~15℃)抹好后约隔4~5 d可开始试剁。经试剁石子不脱落便可弹线正式剁。为保证棱角完整无缺,使斩假石有真石感,可在墙角、柱子等边棱处横剁出边条或留出15~20 mm的边条不剁。

为保证剁纹垂直和平行,可在分格内画垂直控制线;或在台阶上画平行垂直线,控制剁纹保持与边线平行。

剁石时用力要一致,垂直于大面,顺着一个方向剁,以保持剁纹均匀,一般剁石的深度以石渣剁掉三分之一比较适宜,使剁成的假石成品美观大方。

四、假面砖的施工

1. 工艺流程

堵门窗口缝及脚手眼、孔洞 → 墙面基层处理 → 浇水湿润 → 吊线、找方、做灰饼、冲筋 → 抹底层、中层灰 → 抹面层灰 → 做假面砖

2. 堵门窗口缝及脚手眼、孔洞

堵缝要作为一道工序安排专人负责,门窗框安装位置要准确牢固,按设计要求将缝隙塞严,堵脚手眼和废弃的孔洞时,应将洞内杂物、灰尘等物清理干净,浇水湿润,然后用砖或豆石混凝土将其填补塞实。

3. 墙面基层处理

(1)砖墙基层处理。抹灰前需将基层的尘土、污垢、灰尘、残留砂浆及舌头灰等清除干净。

(2)混凝土墙基层处理。凿毛处理,用钢錾子将混凝土墙面均匀凿出麻面使其表面粗糙不平,并将墙面酥松部分剔除干净,用钢丝刷将粉尘刷掉,用清水冲净并浇水湿润,或用脱油剂将混凝土表面的油污及污垢刷净,用清水冲净并浇水湿润。

若混凝土表面光滑,应对其表面一般使用界面剂处理:将光滑的表面清扫干净,用水冲洗后晾干,然后采用机械喷涂或用扫帚扫一道掺入混凝土界面剂(如掺入强力 NDC-C1,该界面剂配合比为胶水:水泥:砂=1:2:2)的聚合物水泥砂浆。

4. 浇水湿润

抹底灰前应将基层浇水均匀湿润。

5. 吊线、找方、做灰饼、冲筋

根据建筑高度确定放线方法,高层建筑可利用墙大角、门窗口两边,用经纬仪找垂直,多层建筑时可从顶层用绷钢丝大线坠吊垂直找规矩,水平线依据楼层标高或施工+50 cm 线为水平基准线进行控制,然后按操作层抹灰饼,做灰饼时应注意横竖交圈。每层抹灰时以灰饼做基准充筋,使其保证横平竖直。

6. 抹底层、中层灰

抹前刷一道掺用水量 10%的 108 胶水泥素浆,紧跟着分层分遍抹底层砂浆,根据不同的基体采用不同的砂浆配合比,一般采用混合砂浆(水泥:白灰膏:砂=1:0.5:4 或者抹 1:3 水泥砂浆),每层厚度控制在 5~7 mm 为宜。分层抹灰,抹与充筋平时用木杠刮平找直木抹搓毛,每层抹灰不宜跟得太紧,以防产生收缩裂缝。

7. 抹面层灰、做假面砖

(1)抹面层灰前应先将中层灰浇水均匀湿润。再弹水平线,按每步架子为一个水平作业段,然后弹出上、中、下三条水平通线,以便控制假面层划沟平直度。随后抹 1:1 水泥砂浆结合层,厚度控制为 3 mm;待收水五六成干时抹面层砂浆,其厚度控制在 3~4 mm。

(2)面层砂浆稍收水后,先用铁梳子靠着靠尺由上向下划纹,深度不超过 1 mm;然后再根据面砖的宽度,用铁钩子沿木靠尺横向划沟,沟深为 3~4 mm,深度以露出层底灰为准。

(3)假面砖面层完成后,及时将飞边砂浆清扫干净。

第四节　清水砌体勾缝

一、工艺流程

堵脚手眼 → 弹线、开缝 → 门窗四周塞缝 → 墙面浇水 → 勾缝 → 清扫墙面 → 找补漏缝 →
清理墙面 → 原浆勾缝

二、堵脚手眼

采用单排外脚手架时,应随落架子随堵脚手眼,应先将脚手眼内的砂浆、污物清理干净,并洒水湿润,再用与原砌体相同颜色的砌块补砌脚手眼。

三、弹线、开缝

从上往下顺其立缝吊垂直,并用粉线将垂直线弹在墙上,作为垂直线的规矩,水平缝则以砌块的上下楞弹线控制。勾缝前墙面开缝。凡在线外的砖棱均使用扁凿子剔除,偏差较大的剔凿后应抹灰补齐,然后用砖面磨成的细粉加 108 胶拌和成浆,刷在修补的灰层上使其颜色一致。

四、门窗四周塞缝

勾缝前将门窗四周塞缝作为一道工序,用 1∶3 水泥砂浆缝堵严、水泥砂浆,深浅要一致;铝合金门窗框四周缝隙先要按设计要求的材料处理。

五、墙面浇水

勾缝前应浇水润湿墙面。

六、勾　　缝

(1)拌和砂浆。

勾缝用砂浆的配合比为 1∶1 或 1∶1.5(水泥∶细砂),或 2∶1∶3(水泥∶粉煤灰∶细砂),应注意随用随拌,不可使用过夜砂浆。

(2)勾缝顺序。

应由上而下,先钩水平缝,后钩立缝。钩水平缝时用长溜子,左手拿托灰板,右手拿溜子,将灰板顶在要钩的缝口下边,右手用溜子将砂浆塞入缝内,灰浆不能太稀,自右向左喂灰,随钩随移动托灰板,钩完一段后,用溜子在缝内左右拉推移动,使缝内的砂浆压实,压光,达到深浅一致。

钩立缝时用短溜子,可用溜子将灰从托灰板上刮起点入立缝之中,也可将托灰板靠在墙边,用短溜子将砂浆送入缝中,使溜子在缝中上下移动,将缝内的砂浆压实,应注意与水平缝的深浅一致,如设计无要求时,一般钩凹缝深度 4~5 mm。

墙面勾缝应做到横平竖直,深浅一致,十字缝应搭接平整,压实、压光,不得有丢漏。墙面阳角水平转角要钩方正,阴角立缝应左右分明,窗台虎头砖要钩三面缝,转角处应钩方正。

七、清扫墙面

每步架勾完缝后,要用笤帚把墙面清扫干净,应顺缝清扫,先扫水平缝,后扫竖缝,并不断抖掸笤帚上的砂浆减少污染。

八、找补漏缝

应重新复找一次,在视线遮挡的地方、不易操作的地方和容易忽略的地方,如有丢、漏钩缝应给以补钩。

九、清理墙面

补钩缝后对局部墙面应重新清扫干净。

天气干燥时,应注意对已勾好的缝要及时浇水养护。

十、原浆勾缝

原浆勾缝是在墙体砌筑的同时,随即使用原砌筑砂浆进行勾缝,原浆勾缝一般为平缝(即勾缝不必凹入墙体深度 4～5 mm),勾缝的具体操作方法参照上述操作工艺。

第三章　村镇建筑门窗工程

第一节　门窗装饰构造

一、概　述

1. 分类

门窗是建筑物中特殊的室内外分隔部件,主要作用是交通、通风和采光,根据不同建筑的特性要求,门窗有时还具有防火、保温隔热、隔声、防辐射等性能。门窗作为建筑物的组成之一,其造型、色彩和材质对建筑物的装饰效果影响也很大。

门的分类方法很多,主要有以下几类。

(1)按所在的位置分为外门和内门。

(2)按使用功能分为隔声门、防火门、密闭门、防辐射门、防盗门、通风门等。

(3)根据所用材料分为木门、钢门、无框全玻璃门、塑料门、铝合金门、塑钢门及其他材料门。其中,钢门又有实腹钢门、空腹钢门、彩板门和渗铝空腹钢门等。木门根据芯板材料分为玻璃门、纱门、百叶门等。

窗按使用功能分为密闭窗、隔声窗、防火窗、防盗窗、避光窗、橱窗、防爆窗、售货窗等;按材料分为木窗、钢窗、铝合金窗、不锈钢窗、塑料窗、预应力钢丝网水泥窗及其他材料窗;根据窗的开启方式,窗又分为平开窗、固定窗、转窗、提拉窗、折叠窗、百叶窗和推拉窗等。

2. 开启方式

门的开启方式一般有平开门、弹簧平开门、推拉门、折叠门、上翻门、升降门、卷帘门、转门等。不同开启方式的门都有其特点和一定的适用范围,选择时应综合考虑使用要求、洞口尺寸、技术经济、材料供应及加工制作条件等因素。

3. 门窗五金件

门窗五金件主要有拉手、合页、插销、锁具、滑轮、滑轨、自动闭门器、门挡等。

(1)拉手和门锁。拉手是安装在门上,便于开启操作的器具,可根据造型需要选用。

拉手和门锁如图 3-1 所示。图 3-1(a)所示为压板与拉手,没有锁的单扇门安装压板与拉手,自由门扇则两面都安装压板;图 3-1(b)所示为把手门锁与旋钮,把手门锁是不用钥匙锁门的一种锁的类型,把旋钮转动,拉住弹簧钩锁就能打开;图 3-1(c)所示为带杆式操纵柄的锁,最一般的锁是圆筒销子锁,在室外用钥匙,在室内用指旋器就能打开;图 3-1(d)所示为锁上带有传统手把的(门厅的门上用)。

(2)自动闭门器。是能自动关闭开着的门的装置,分液压式自动闭门器和弹簧自动闭门器两类。按所安装部位不同,又可分为地弹簧、门顶弹簧、门底弹簧和弹簧门弓。如图 3-2 所示。

(3)门挡。防止门扇、拉手碰撞墙壁而设置的装置,如图 3-3 所示。

(4)门窗定位器。一般装于门窗扇的中部或下部,作为固定门窗扇的有风钩、橡皮头门钩、门轧头、脚踏门垫和磁力定门器等。

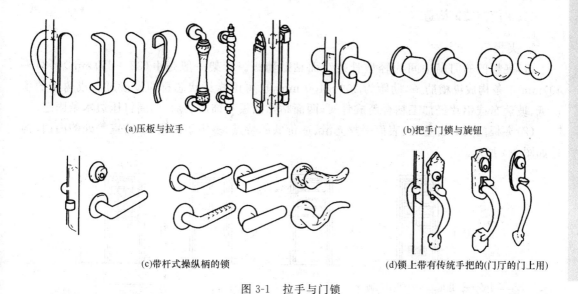

(a)压板与拉手　　　　　　　　(b)把手门锁与旋钮

(c)带杆式操纵柄的锁　　　　(d)锁上带有传统手把的(门厅的门上用)

图 3-1　拉手与门锁

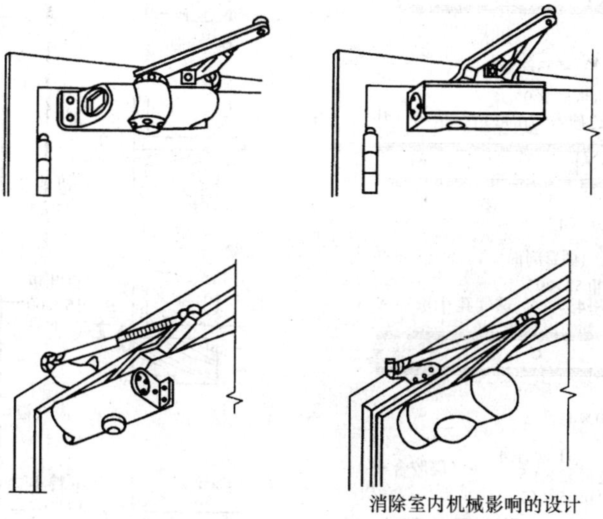

消除室内机械影响的设计

图 3-2　自动闭门器

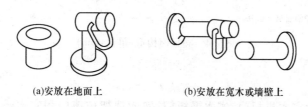

(a)安放在地面上　　　　　(b)安放在宽木或墙壁上

图 3-3　门挡

（5）合页。一般有普通合页、插芯合页、轻质薄合页、方合页、抽心合页、单（双）管式弹簧合页、H形合页、蝴蝶合页、轴承合页、尼龙垫圈无声合页、冷库门合页、钢门窗合页等。

二、木门窗装饰构造

1. 夹板门

(1)夹板门的门扇中间为轻型骨架双面粘贴薄板。骨架一般是由(32～35)mm×(34～60)mm 木条构成纵横肋条,肋距为 200～400 mm,也可用蜂巢状芯材即浸渍过合成树脂的牛皮纸、玻璃布或铝片经加工粘合而成骨架,两面粘贴面板和饰面层后,四周钉压边木条固定。

(2)夹板门具有自重轻、表面平整光滑、造价低的特点,多用于卧室、办公室等处的内门,构造如图 3-4 所示。

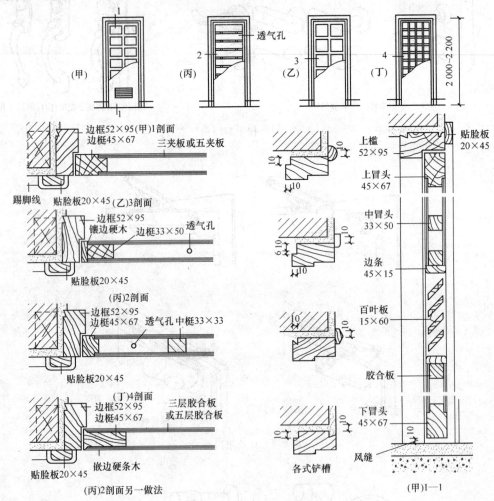

图 3-4　夹板门构造(单位:mm)

2. 实木门

实木门一般分为实木拼板门、实木镶板门、实木框架玻璃门和实木雕刻门。其中,实木拼板门是用较厚的条形木板拼接成门扇,边梃与冒头截面尺寸较大,这种门木材用量大,结实厚重,是中国传统的大门结构形式,现较少使用;实木镶板门、实木框架玻璃门与实木雕刻门的共同之处是门扇由边梃、冒头及门芯板组成。

实木镶板门的构造如图 3-5 所示。

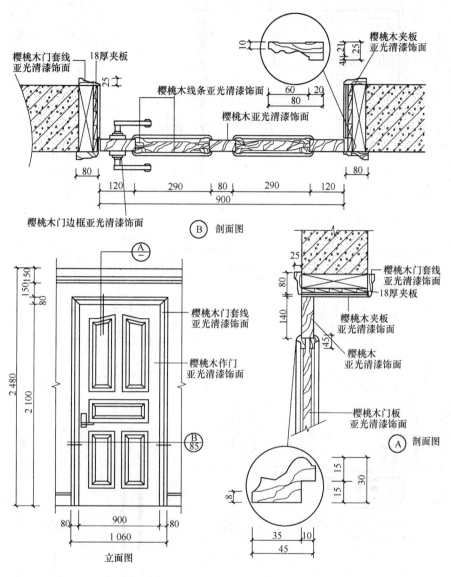

图 3-5　实木镶板门构造（单位：mm）

3. 推拉木门

（1）推拉木门是指门扇用左右推拉的方式启闭，分暗装式和明装式。推拉门必须设置吊轨和地轨，暗装式是将轨道隐藏于墙体夹层内，明装式是将轨道安装在墙面上用装饰板遮挡。

（2）推拉门的门扇可以做成镶板门、镶玻璃门、夹板门、花格门等。推拉花格门既能分割空间又在视线上有一定的通透性，花格的造型还有独特的装饰效果。

推拉门的构造如图 3-6 所示。

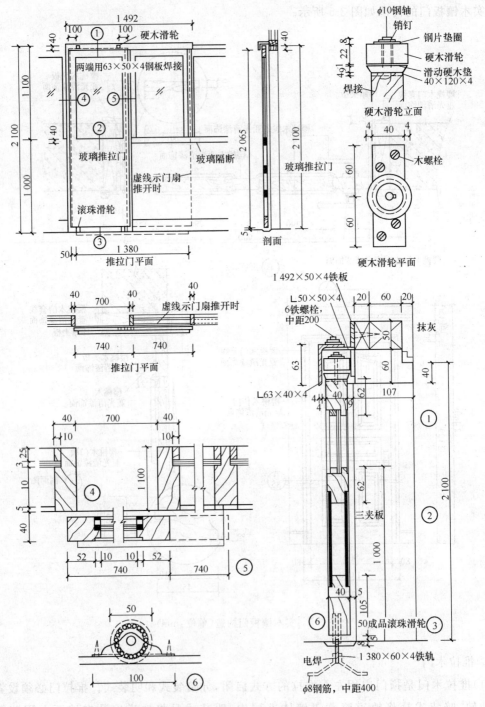

图 3-6　推拉门构造(单位:mm)

三、全玻璃门装饰构造

1. 厚玻璃装饰门

厚玻璃装饰门又称无框玻璃门,是用厚玻璃板做门扇,仅设置上下冒头及连接门轴,而不设置边梃。玻璃一般为 12 mm 的厚质平板白玻璃、雕花玻璃及彩印图案玻璃等,具体厚度视门扇的尺寸而定。

无框地弹簧玻璃门构造如图 3-7 所示。

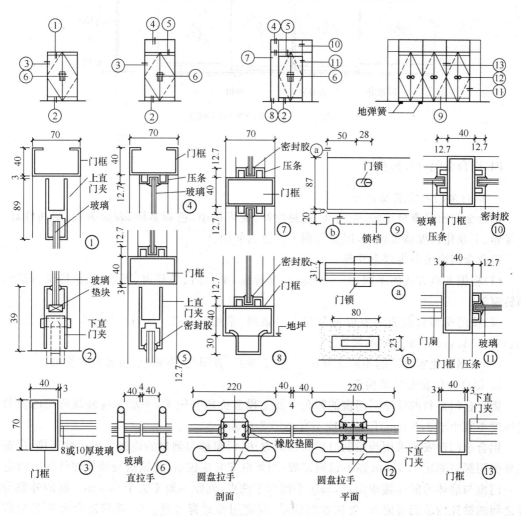

图 3-7　无框地弹簧玻璃门构造(单位:mm)

2. 自动推拉门

自动推拉门的门扇采用铝合金或不锈钢做外框,也可以是无框的全玻璃门,其开启控制有超声波控制、电磁场控制、光电控制、接触板控制等。

现今比较流行的是微波自动推拉门,即用微波感应自动传感器进行开启控制。微波感应自动推拉门是由机箱(包括电动机、减速器、滑轮组、微波处理器等)、门扇、地轨三部分组成的。

微波感应自动门地面上装有导向性下轨道,其长度为开启门宽的 2 倍。自动门上部机箱部分可用 18 号槽钢做支撑横梁,横梁两端与墙体内的预埋钢板焊接牢固,以确保稳定。构造如图 3-8 所示。

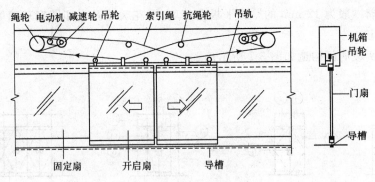

图 3-8　感应自动推拉门构造

图中标注：绳轮　电动机　减速轮　吊轮　索引绳　抗绳轮　吊轨　机箱　吊轮　门扇　导槽　固定扇　开启扇　导槽

四、铝合金门窗装饰构造

1. 铝合金门窗特点及分类

铝合金门窗具有自重轻、强度高、密封性好、变形性小、色彩多样、表面美观、耐蚀性好、易于保养、工业化程度高等优点，因此得到了广泛的使用。

铝合金门窗可分为以下几种类型。

(1)根据开启方式的不同，分为推拉门、推拉窗、平开门、平开窗、固定窗、悬挂窗、回转门、回转窗等。

(2)按门窗型材截面的宽度可分为许多系列，常用的有 25、40、45、50、55、60、65、70、80、90、100、135、140、155、170 系列等。

(3)根据氧化膜色泽的不同又有银白色、金黄色、青铜色、古铜色、黄黑色等类型。

2. 铝合金门窗安装及构造

铝合金门窗料的壁厚对门窗的耐久性及工程造价影响较大，一般建筑装饰所用的窗料板壁厚度不宜小于 1.6 mm，门壁厚度不宜小于 2.0 mm。

铝合金门窗安装采用预留洞口后安装的方法，门窗框与洞口的连接采用柔性连接，门窗框的外侧用螺钉固定 1.5 mm 厚不锈钢锚板，当外框安装定位后，将锚板与墙体埋件焊牢固定。

门窗与墙体等的连接固定点，每边不得少于两点，间距一般不大于 0.5 m。框的外侧与墙体之间的缝隙内填沥青麻丝，外抹水泥砂浆，表面用密封膏嵌缝。55 系列铝合金平开门的构造如图 3-9 所示。铝合金推拉窗构造如图 3-10 所示。

五、塑料门窗装饰构造

1. 概述

塑料门窗又称为"塑钢门窗"，在密闭性、耐腐蚀性、保温隔声性、耐低温、阻燃、电绝缘性等方面性能良好，造型美观，是一种应用广泛的门窗。由于塑料的刚度较差，一般在空腹内嵌装型钢或铝合金型材进行加强，从而增强了塑料门窗的刚度。

塑料门窗的异型材一般按用途分为主型材和副型材。主型材在门窗结构中起主要作用，截面尺寸较大，如框料、扇料、门边料、分格料、门芯料等；副型材是指在门窗结构中起辅助作用的材料，如玻璃条、连接管及制作纱扇用的型材等。

2. 塑料门窗的安装构造

塑钢门窗框与洞口的连接安装构造与铝合金门窗基本相同，门窗框与墙体的连接固定方法有以下三种。

(1)连接件法。用一种专门制作的铁件把门窗框与墙体连接一起,做法是将固定在门窗框型材靠墙一面的锚固铁件用螺钉或膨胀螺钉固定在墙上,这种方法既经济又可以保证门窗的稳定性。

(2)直接固定法。在砌筑墙体时,先将木砖预埋于门窗洞口设计位置处,当塑料门窗安入洞口并定位后,用木螺钉直接穿过门窗框与预埋木砖进行连接,从而固定门窗框。

(3)假框法。在门窗洞口内安装一个与塑料门窗框配套的镀锌铁皮金属框,或者当木门窗换成塑料门窗时保留原来木门窗框,将塑料门窗框直接固定在原来框上,最后再用盖口条对接缝及边缘部分进行装饰。

塑钢门窗框与墙体的连接固定方法如图 3-11 所示。塑钢门窗的构造如图 3-12 所示。

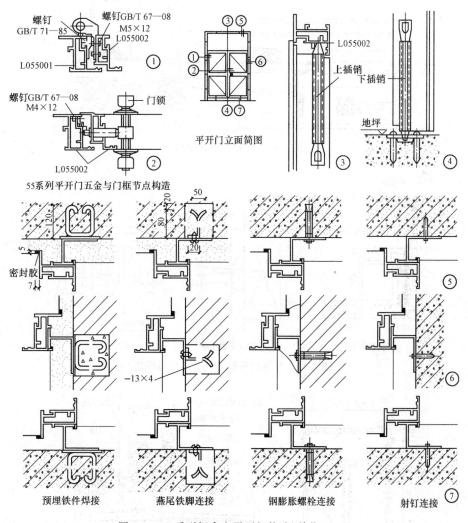

图 3-9　55 系列铝合金平开门构造(单位:mm)

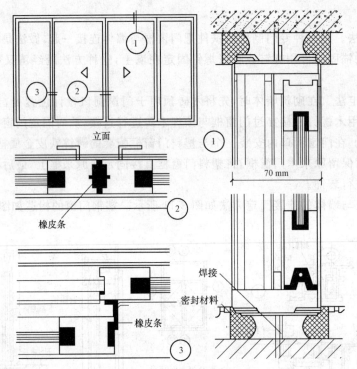

图 3-10 铅合金推拉窗构造

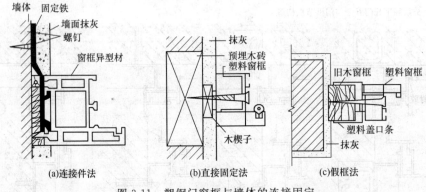

图 3-11 塑钢门窗框与墙体的连接固定

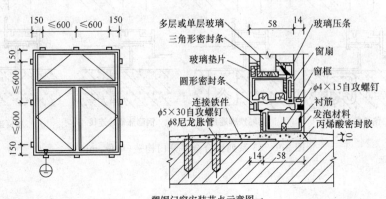

塑钢门窗安装节点示意图一

图   3-12

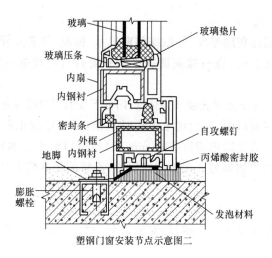

图 3-12 塑钢门窗的构造(单位:mm)

第二节 木门窗的制作安装

一、工艺流程

找规矩、弹线、确定门窗框安装位置 → 安装样板 → 门窗框安装固定 → 门窗扇安装 → 五金件安装 → 外门窗框缝隙处理

二、找规矩、弹线、确定门窗框安装位置

(1)结构工程经验收合格后,即从顶层开始用大线坠(高层建筑应采用经纬仪或全站仪)吊垂直,检查窗口位置的准确度,并在墙上弹出安装位置,结构预留窗口位置偏差过大超出窗线时,应提早进行处理。

(2)窗框安装的高度应根据室内+500 mm 线核对检查,使窗框安装在同一标高上。

(3)在窗框下边拉小线找直,并用铁水平尺将平线引入洞内作为立框时的标准,再用线坠校正吊直。

(4)室内外门框应根据图纸位置和标高安装,并注意门扇开启方向,以确定门框安装的裁口方向,安装高度应按室内+500 mm 的水平线控制,(自门框下端锯口线往上返 500 mm,与室内+500 mm 的水平线应相符)。

三、安装样板

把窗扇根据图纸要求安装到窗框上。

检查掩扇的缝隙大小、五金位置、尺寸及牢固度等,符合标准要求的作为样板,以此为验收标准及依据。

四、门窗框安装固定(后塞口法)

后塞门窗框前,要预先检查门窗洞口的尺寸、垂直度及木砖数量,如有问题,应事先修理好。

安装门窗框时要考虑抹灰层厚度，并根据门窗尺寸、标高、位置及开启方向，在墙上画出安装位置线。有贴脸门窗立框时，应与抹灰面齐平。有窗台板的窗框，应注意窗台板的出墙尺寸，以确定立框位置。

窗框标高以墙上+500 mm水平控制线为依据，门框下端的锯口线应正对该层地面面层线。

将门窗框试装于门窗洞口中，四边用木楔临时塞住，用线坠校正框口的垂直度，用水平尺校正冒头的水平度。校正后立即用圆钉（100 mm 长）将框口钉牢于木砖上，每处要钉两只，钉帽砸扁顺木纹冲入框口内。如果为黄花松门窗框时，安装前先在框上打孔，便于钉钉。

五、门窗扇安装

先确定门窗扇开启方向及小五金型号、安装位置、对口扇扇口的裁口位置及开启方向（一般右扇为盖口扇）。

检查门窗框口尺寸是否正确，边角是否方正，有无串角，检查框口高宽净尺寸，以确定缝宽。高度应量口的两个立边，检查口的宽度应量口的上、中、下三点，根据留缝大小，再在扇上确定所需高度和宽度，进行画线修刨。修刨时，先将梃的余头锯掉，在高度方向，对下冒头略为修刨后，主要修刨上冒头。在宽度方向，要对门窗梃两边同时修刨，双扇门窗要对口后，再决定修刨两边的梃。如发现门窗高度上短缺，上冒头修刨后，决定出钉补板条的厚度，板条刨光后胶粘，钉在下冒头下面，（注意门梃下端余头要留着，钉补板条后再一齐刨平）。如果发现门窗扇宽度上短缺，在装合页一边钉补板条。

门窗扇第一次修刨后，应以能塞入口内为宜，塞好后用木楔顶住临时固定，如果门窗扇与口边缝宽度尺寸合适，画第二次修刨线，并标出合页槽的位置（距门扇的上下端各1/10扇高，且避开上下冒头）。同时注意门扇安装的是否平整。

第二次修刨，缝隙尺寸合适后，即安装合页。应先用勒子勒出合页的宽度，定出合页安装边线，并量出合页长度，剔出合页槽，以槽的深度来调整门窗安装后与框的平整度，剔合页槽时应留线，不应剔得过大、过深。

合页槽剔好后，即安装上下合页，安装时应先拧一个螺丝，然后关上扇检查缝隙是否合适、口与扇是否平整，无问题后方可将螺丝全部拧上、拧紧。（木螺丝应钉入全长1/3，拧入2/3。）

安装对口扇时，应将扇的宽度用尺量好，再确定中间对口缝的裁口宽度。

六、五金件安装

五金件安装应符合设计图纸的要求，不得遗漏。有木节处或已填补的木节处，均不得安装小五金。

安装拉手、插销、L形铁和T形铁等小五金时，先用锤将木螺钉打入长度的1/3，然后用螺丝刀将木螺钉拧紧、拧平，不得歪扭、倾斜。严禁打入全部深度。采用硬木时，应先钻2/3深度的孔，孔径为木螺钉直径的0.9倍，然后再将木螺钉由孔中拧入。

合页距门窗上、下端宜取立梃高度的1/10，并避开上、下冒头。安装后应开关灵活。门窗拉手应位于门窗高度中点以下，窗拉手距地面以1.5~1.6 m为宜，门拉手距地面以0.9~1.05 m为宜，门拉手应里外一致。

门锁不宜安装在中冒头与立梃的结合处，以防伤榫。门锁位置一般宜高出地面90~95 cm。

门窗扇嵌 L 形铁、T 形铁时应加以隐蔽，作凹槽，安完后应低于表面 1 mm 左右。门窗扇为外开时，L 形铁、T 形铁安在里面，内开时安在外面。

上、下插销要安在梃宽的中间，上插销鼻要安在框口上冒头上，下插销鼻要安在地面上。

闭门器、开启器等按制造厂家说明书进行安装。

七、外门窗框缝隙处理

外门窗框安装后，内外墙进行装饰工程前，要及时进行门窗框与墙体之间缝隙处理。如设计未指定填塞材料品种时，应采用岩棉或矿棉条分层填塞缝隙。外表面留 5～8 mm 深槽口，室外缝隙宜填嵌缝膏，经设计同意也可分层抹水泥砂浆，室内填嵌缝膏或钉木压缝条、木制简子板。

第三节　金属门窗的制作与安装

一、工艺流程

弹线定位 → 门窗洞口处理 → 防腐处理 → 铝合金门窗框就位和临时固定 → 铝合金门窗框安装固定 → 门窗框与墙体间隙间的处理 → 门窗扇及门窗玻璃安装 → 五金配件安装 → 清理及清洗

二、弹线定位

沿建筑物全高用大线坠（高层建筑宜采用经纬仪或全站仪找垂直线）引测门洞边线，在每层门窗口处画线标记。

逐层抄测门窗洞口距门窗边线实际距离，需要进行处理的应做记录和标志。

门窗的水平位置应以楼层室内＋500mm 线为准向上反量出窗下皮标高，弹线找直。每一层窗下皮必须保持标高一致。

墙厚方向的安装位置应按设计要求和窗台板的宽度确定。原则上以同一房间窗台板外露尺寸一致为准。

三、门窗洞口处理

(1)门窗洞口偏位、不垂直、不方正的要进行剔凿或抹灰处理。

(2)洞口尺寸偏差应符合表 3-1 的规定。

表 3-1　金属门窗洞口尺寸允许偏差

项　目	允许偏差(mm)
洞口高度、宽度	±5
洞口对角线长度差	≤5
洞口侧边垂直度	1.5/1 000 且不大于 2
洞口中心线与基准线偏差	≤5
洞口下平面标高	±5

四、防腐处理

对于门框四周的外表面的防腐处理,设计有要求时按设计要求处理。如果设计没有要求,可涂刷防腐涂料或粘贴塑料薄膜进行保护,以免水泥砂浆直接与铝合金门窗表面接触,腐蚀铝合金门窗。

安装铝合金门窗时,如果采用金属连接件固定,则连接件、固定件宜采用不锈钢件。否则必须进行防腐处理,以免产生电化学反应,腐蚀铝合金门窗。

五、铝合金门窗框就位和临时固定

(1)根据划好的门窗定位线,安装铝合金门窗框。

(2)当门窗框装入洞口时,其上、下框中线与洞口中线对齐。

(3)门窗框的水平、垂直及对角线长度等符合质量标准,然后用木楔临时固定。

六、铝合金门窗框安装固定

铝合金门窗框与墙体的固定一般采用固定片连接,固定片多以 1.5 mm 厚的镀锌板裁制,长度根据现场需要进行加工。

与墙体固定的方法主要有以下三种。

(1)当墙体上有预埋铁件时,可把铝合金门窗的固定片直接与墙体上的预埋铁件焊牢,焊接处需做防锈处理。

(2)用膨胀螺栓将铝合金门窗的固定片固定到墙上。

(3)当洞口为混凝土墙体时,也可用 $\phi 4$ mm 或 $\phi 5$ mm 射钉将铝合金门窗的固定片固定到墙上(砖砌墙不得用射钉固定)。

铝合金窗框与墙体洞口的连接要牢固、可靠,固定点的间距应不大于600 mm,固定片距窗角距离不应大于 200 mm(以 150~200 mm 为宜)。

铝合金门的上边框与侧边框的固定按上述方法进行。下边框的固定方法根据铝合金门的形式、种类有所不同:

1)平开门可采用预埋件连接、膨胀螺栓连接、射钉连接或预埋钢筋焊接等方式;

2)推拉门下边框可直接埋入地面混凝土中;

3)地弹簧门等无下框的,边框可直接固定于地面中,地弹簧也埋入地面中,并用水泥浆固定。

七、门窗框与墙体间隙间的处理

(1)铝合金门窗框安装固定后,进行隐蔽工程验收。

(2)验收合格后,及时按设计要求处理门窗框与墙体之间的间隙。如果设计未要求时,可选用发泡胶、弹性聚苯保温材料及玻璃岩棉条进行分层填塞。外表留 5~8 mm 深槽口填嵌嵌缝油膏或密封胶。严禁用水泥砂浆填镶。

(3)铝合金窗应在窗台板安装后将上缝、下缝同时填嵌,填嵌时不可用力过大,防止窗框受力变形。

八、门窗扇的安装

门窗扇应在墙体表面装饰工程完工验收后安装。

推拉门窗在门窗框安装固定后,将配好玻璃的门窗扇整体安入框内滑槽。调整好扇的缝隙即可。

平开门窗在框与扇格架组装上墙、安装固定好后再安装玻璃,即先调整好框与扇的缝隙,再将玻璃安入扇并调整好位置,最后镶嵌密封条及密封胶。

地弹簧门应在门框及地弹簧主机入地安装固定后再安门扇。先将玻璃嵌入门扇格架并一起入框就位,调整好框扇缝隙,最后填嵌门扇玻璃的密封条及密封胶。

九、五金配件安装

五金配件与门窗连接用镀锌或不锈钢螺钉。安装的五金配件应结实牢固,使用灵活。

十、清理及清洗

(1)在安装过程中铝合金门框表面应有保护塑料胶纸,并要及时清理门窗框、扇及玻璃上的水泥砂浆、灰水、打胶材料及喷涂材料等,以免对铝合金门窗造成污染及腐蚀。

(2)在粉刷等装修工程全部完成准备交工前,将保护胶纸撕去,需进行以下清洗工作:

1)如果塑料胶纸在型材表面留有胶痕,宜用香蕉水清洗干净。

2)铝合金门窗框扇,可用水或浓度为1%~5%的中性洗涤剂充分清洗,再用布擦干。不应用酸性或碱性制剂清洗,也不能用钢刷刷洗。

3)玻璃应用清水擦洗干净,对浮灰或其他杂物,要全部清除干净。

十一、冬期施工

门窗框与墙体之间、玻璃与框扇之间缝隙的打胶工程在整个作业期间的环境温度应不小于5℃。

第四节 塑料门窗的制作与安装

一、工艺流程

弹线定位 → 门窗洞口处理 → 安装固定片 → 门窗框就位和临时固定 → 门窗框安装固定 → 门窗框与墙体间隙间的处理 → 门窗扇安装 → 五金配件安装 → 清理及清洗

二、弹线定位

沿建筑物全高用大线坠(高层建筑宜采用经纬仪或全站仪找垂直线)引测门洞边线,在每层门窗口处画线标记。

逐层抄测门窗洞口距门窗边线实际距离,需要进行处理的应做记录和标志。

门窗的水平位置应以楼层室内+500 mm线为准向上反量出窗下皮标高,弹线找直。每一层窗下皮必须保持标高一致。

墙厚方向的安装位置应按设计要求和窗台板的宽度确定。原则上以同一房间窗台板外露尺寸一致为准。

三、门窗洞口处理

门窗洞口偏位、不垂直、不方正的要进行剔凿或抹灰处理。

洞口尺寸偏差应符合表 3-2 规定。

表 3-2　塑料门窗洞口尺寸允许偏差

项　　目	允许偏差(mm)
洞口高度、宽度	±5
洞口对角线长度差	±5
洞口侧边垂直度	1.5/1 000 且不大于 2
洞口中心线与基准线偏差	±5
洞口下平面标高	±5

四、安装固定片

固定片采用厚度大于等于 1.5 mm、宽度大于等于 15 mm 的镀锌钢板。安装时应采用直径为 3.2 mm 的钻头钻孔，然后将十字盘头自攻螺丝 M4×20 mm 拧入，不得直接锤击钉入。

固定片的位置应距窗角、中竖框、中横框 150～200 mm，固定片之间的间距不大于 600 mm，不得将固定片直接装在中横框、中竖框的档头上。

五、门窗框就位和临时固定

根据画好的门窗定位线，安装门窗框。

当门窗框装入洞口时，其上、下框中线与洞口中线对齐。

门窗框的水平、垂直及对角线长度等符合质量标准，然后用木楔临时固定。

六、门窗框安装固定

(1)窗框与墙体洞口的连接要牢固、可靠，固定点的间距应不大于 600 mm，距窗角距离不应大于 200 mm(以 150～200 mm 为宜)。

(2)门窗框与墙体固定应按对称顺序，将已安装好的固定片与洞口四周固定，先固定上、下框，然后固定边框，固定方法应符合下列要求：

1)混凝土墙洞口应采用射钉或塑料膨胀螺钉固定；

2)砖墙洞口应采用塑料膨胀螺钉或水泥钉固定，并不得固定在砖缝上；

3)加气混凝土洞口应采用木螺钉将固定片固定在预埋胶粘圆木上；

4)设有预埋铁件的洞口应采用焊接方法固定，也可先在预埋件上按紧固件规格打基孔，然后用紧固件固定。

(3)门窗框与墙体无论采取何种方法固定，均需结合牢固，每个连接件的伸出端不得少于两只螺钉固定。同时，还应使门窗框与洞口墙之间的缝隙均等。

(4)也可采用膨胀螺钉直接固定法。用膨胀螺钉直接穿过门窗框将框固定在墙体或地面上。该方法主要适用于阳台封闭窗框及墙体厚度小于120 mm安装门窗框时使用。

七、门窗框与墙体间隙间的处理

塑料门窗框安装固定后,进行隐蔽工程验收。

验收合格后,及时按设计要求处理门窗框与墙体之间的间隙。如果设计未要求时,可选用发泡胶、弹性聚苯保温材料及玻璃岩棉条进行分层填塞。外表留5~8 mm深槽口填嵌嵌缝油膏或密封胶。

塑料窗应在窗台板安装后将上缝、下缝同时填嵌,填嵌时不可用力过大,防止窗框受力变形。

八、门窗扇的安装

1. 平开门窗扇的安装

应先在厂内剔好框上的铰链槽,到现场再将门窗扇装入框中,调整扇与框的配合位置,并用铰链将其固定,然后复查开关是否灵活自如。

2. 推拉门窗扇的安装

由于推拉门窗扇与框不连接,因此对可拆卸的推拉扇,应先安装好玻璃后再安装门窗扇。

对出厂时框、扇就连在一起的平开塑料门窗,则可将其直接安装,然后再检查开启是否灵活自如,如发现问题,则应进行必要的调整。

九、五金配件的安装

安装五金配件时,应先在框、扇杆件上用手电钻打出略小于螺钉直径的孔眼,然后用配套的自攻螺钉拧入,严禁用锤直接打入。

塑料门窗的五金配件应安装牢固,位置端正,使用灵活。

十、清理及清洗

在安装过程中塑料门框表面应有保护塑料胶纸,并要及时清理门窗框、扇及玻璃上的水泥砂浆、灰水、打胶材料及喷涂材料等,以免对塑料门窗造成污染。

在粉刷等装修工程全部完成准备交工前,将保护胶纸撕去,并对门窗进行清洗。

当塑料门窗上一旦沾有污物时,要立即用软布擦拭干净,切记用硬物刮除。

十一、冬期施工

门窗框与墙体之间、玻璃与框扇之间缝隙的打胶工程在整个作业期间的环境温度应不小于5℃。

第四章 村镇建筑吊顶工程

第一节 顶棚装饰构造

一、概　述

1. 顶棚装饰构造的功能

顶棚是室内空间的顶界面,位于建筑物楼层和屋盖承重结构的下面,也称天花板。顶棚装饰构造的功能见表 4-1。

表 4-1　顶棚装饰构造的功能

项目	内　容
装饰室内空间环境	顶棚是室内装饰的一个重要组成部分,是除墙面、地面外,用以围合成室内空间的另一个大面。顶棚装饰处理能够从空间、造型、光影、材质等方面,来渲染环境,烘托气氛。不同的顶棚构造处理,可以取得不同的装饰效果
改善室内环境	顶棚的处理不仅要考虑室内的装饰艺术风格的要求,还要考虑照明、通风、保温、隔热、吸声、防火等室内使用功能的要求,利用顶棚的装饰处理可以改善室内光环境、热环境、声环境,提高室内环境的舒适度
隐蔽设备管线和结构构件	现代建筑的各种管线越来越多,如照明、空调、消防管线等,一般充分利用吊顶空间对各种管线和结构构件进行隐蔽处理,既能使建筑空间整洁统一,也能保证各种设备管线的正常使用

2. 顶棚装饰构造的特点及分类

(1)顶棚是位于承重结构下部的装饰构件,位于房间的上方,而且其上布置有照明灯光、音响设备、空调及其他管线等,因此顶棚构造与承重结构的连接要求牢固、安全、稳定。

顶棚的构造设计涉及到声学、热工、光学、空气调节、防火安全等方面,顶棚装饰是技术要求比较复杂的装饰工程项目,应结合装饰效果的要求、经济条件、设备安装情况、建筑功能和技术要求以及安全问题等各方面来综合考虑。

(2)顶棚装饰主要按以下几方面进行分类。

1)按顶棚面层与结构位置的关系分为直接式顶棚和悬吊式顶棚。

2)按顶棚外观的不同有平滑式顶棚、井格式顶棚、分层式顶棚、悬浮式顶棚等见表 4-2。

3)按其面层的施工方法分为抹灰式顶棚、喷涂式顶棚、粘贴式顶棚、装配式板材顶棚等。

4)按顶棚的基本构造的不同分为无筋类顶棚、有筋类顶棚。

5)按顶棚构造层的显露状况的不同分为开敞式顶棚、隐蔽式顶棚等。

6)按面层饰面材料与龙骨的关系不同分为活动装配式顶棚、固定式顶棚等。

7)按其面层材料的不同分为木质顶棚、石膏板顶棚、各种金属薄板顶棚、玻璃镜顶棚等。

8)按顶棚承受荷载能力的不同分为上人顶棚和不上人顶棚。

9)其他类,如结构式顶棚、发光顶棚、软体顶棚等。

表 4-2　顶棚的形式

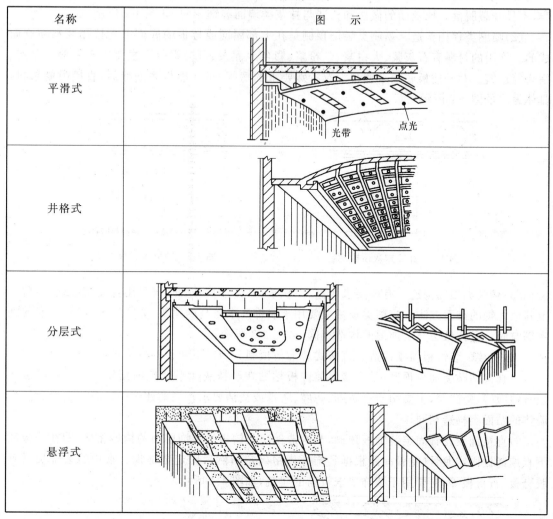

名称	图　示
平滑式	光带　点光
井格式	
分层式	
悬浮式	

二、直接式顶棚装饰构造

1. 直接式顶棚饰面的特点

(1)直接式顶棚是在屋面板、楼板等的底面直接进行喷浆、抹灰或粘贴壁纸、面砖等饰面材料。直接是顶棚构造的关键问题是保证顶棚与基层的黏结牢固。

(2)直接式顶棚构造简单,构造层厚度小,可以充分利用空间;材料用量少,施工方便,造价较低,适用于普通建筑及功能较为简单、空间尺度较小的场所。

2. 直接式顶棚的基本构造

(1)直接抹灰顶棚构造。直接抹灰顶棚是在上部屋面板或楼板的底面上直接抹灰的顶棚。主要有纸筋灰抹灰、石灰砂浆抹灰、水泥砂浆抹灰等。普通抹灰用于一般建筑或简易建筑,甩毛等特种抹灰用于声学要求较高的建筑。直接抹灰的构造做法:

1)在顶棚的基层(楼板底)上,刷一遍纯水泥浆,使抹灰层能与基层很好地粘合;

2)用混合砂浆打底；

3)做面层。

要求较高的房间，可在底板增设一层钢板网，在钢板网上再做抹灰，这种做法强度高、结合牢，不易开裂脱落。抹灰面的做法和构造与抹灰类墙面装饰相同，如图4-1所示。

(2)喷刷类顶棚构造。喷刷类装饰顶棚是在上部屋面或楼板的底面上直接用浆料喷刷而成的。常用的材料有石灰浆、大白浆、色粉浆、彩色水泥浆、可赛银等。主要用于一般办公室、宿舍等建筑。对于楼板底较平整又没有特殊要求的房间，可在楼板底嵌缝后，直接喷刷浆料，具体做法如图4-2所示。

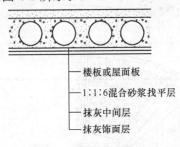

——楼板或屋面板

——1:1:6混合砂浆找平层

——抹灰中间层

——抹灰饰面层

图4-1　直接抹灰顶棚构造

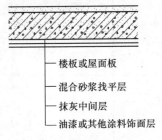

——楼板或屋面板

——混合砂浆找平层

——抹灰中间层

——油漆或其他涂料饰面层

图4-2　喷刷类顶棚构造

(3)裱糊类顶棚构造。有些要求较高、面积较小的房间顶棚面，可采用直接贴壁纸、贴壁布及其他织物的饰面方法。裱糊类顶棚主要用于装饰要求较高的建筑，如宾馆的客房、住宅的卧室等空间。具体做法与墙饰面的构造相同，如图4-3所示。

(4)直接式装饰板顶棚构造。直接式装饰板顶棚分为以下两种构造方法：

1)直接粘贴装饰板顶棚，是直接将装饰板粘贴在经抹灰找平处理的顶板上。常用的装饰板有釉面砖、瓷砖等，主要用于有防潮、防腐、防霉或清洁要求较高的建筑中。具体构造做法与墙体的贴面类构造相同。

2)直接铺设龙骨固定装饰板顶棚，其构造做法与镶板类装饰墙面的构造相似，即在楼板底下直接铺设固定龙骨(龙骨间距根据装饰板规格确定)，然后固定装饰板。常用的装饰板材有胶合板、石膏板等，主要用于装饰要求较高的建筑，如图4-4所示。

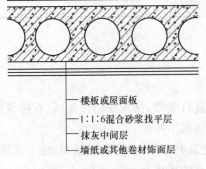

——楼板或屋面板

——1:1:6混合砂浆找平层

——抹灰中间层

——墙纸或其他卷材饰面层

图4-3　裱糊类顶棚构造

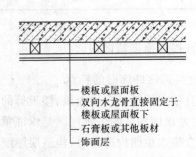

——楼板或屋面板

——双向木龙骨直接固定于楼板或屋面板下

——石膏板或其他板材

——饰面层

图4-4　直接铺设龙骨类顶棚构造

(5)结构式顶棚构造。结构式顶棚是将屋盖或楼盖结构暴露在外，利用结构本身的韵律做装饰，不再另做顶棚。结构式顶棚充分利用屋顶结构构件，并巧妙地组合照明、通风、防火、吸声等设备，形成和谐统一的空间景观。一般应用于体育馆、展览厅等大型公共性建筑中，如图4-5所示。

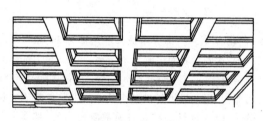

| (a)井格结构式顶棚 | (b)网架结构式顶棚 |

图 4-5　结构式顶棚构造

三、悬吊式顶棚装饰构造

1. 悬吊式顶棚饰面特点

(1)悬吊式顶棚又称"吊顶",其装饰表面与结构底表面之间留有一定的距离,通过悬挂物与结构连接在一起。

(2)通常要利用顶棚和结构之间的空间布设各种管道和设备,还可利用吊顶的悬挂高度,使顶棚在空间高度上产生变化,形成一定的立体感。吊顶的装饰效果较好,形式变化丰富,但构造复杂,对施工技术要求高,造价较高。

(3)在没有功能要求时,悬吊式顶棚内部空间的高度不宜过大,以节约材料和造价;若利用其作为敷设管线设备的技术空间或有隔热通风需要时,则可根据情况适当加大,必要时可铺设检修走道以免踩坏面层,保障安全。饰面应根据设计留出相应灯具、空调等设备安装检修孔及送风口、回风口位置。

2. 悬吊式顶棚构造组成

悬吊式顶棚在构造上一般由吊筋、基层、面层三大基本部分组成见表 4-3。

表 4-3　悬吊式顶棚构造组成

项目	内　　容
吊筋	(1)吊筋是连接龙骨和承重结构的承重传力构件。主要作用是承受顶棚的荷载,并将荷载传递给屋面板、楼板、屋顶梁、屋架等部位。通过吊筋还可以调整、确定悬吊式顶棚的空间高度,以适应不同场合、不同艺术处理上的需要。 (2)吊筋的形式和材料选用,与顶棚的自重及顶棚所承受的灯具等设备荷载的重量有关,也与龙骨的形式和材料及屋顶承重结构的形式和材料等有关。 (3)吊筋可采用钢筋、型钢、镀锌铅丝或方木等。钢筋吊筋用于一般顶棚,直径不小于 16 mm;型钢吊筋用于重型顶棚或整体刚度要求特别高的顶棚;方木吊筋一般用于木基层顶棚,并采用铁制连接件加固,可用 50 mm×50 mm 截面,如荷载很大则需要计算确定吊筋截面
基层	(1)顶棚基层是一个由主龙骨、次龙骨(或称主格栅、次格栅)所形成的网格骨架体系。主要是承受顶棚的荷载,并通过吊筋将荷载传递给楼盖或屋顶的承重结构。常用的顶棚龙骨分为木龙骨和金属龙骨两种,龙骨断面视其材料的种类、是否上人和面板做法等因素而定。

· 村镇装饰装修工程 ·

项目	内　　容
基层	（2）木基层由主龙骨、次龙骨、横撑龙骨三部分组成。主龙骨为 50 mm×（70～80）mm，间距一般在 0.9～1.5 m；次龙骨断面一般为 30 mm×（30～50）mm，间距依据次龙骨截面尺寸和板材规格而定，一般为 400～600 mm。用 50 mm×50 mm 的方木吊筋钉牢在主龙骨的底部，并用 8 号镀锌铁丝绑扎。其中龙骨组成的骨架可以是单层的，也可以是双层的，固定板材的次龙骨通常双向布置，如图 4-6 和图 4-7 所示。 （3）金属基层。常见的有轻钢、铝合金和普通型钢等。轻钢龙骨一般用特制的型材，断面多为 U 形，故又称为 U 形龙骨系列，由大龙骨、中龙骨、小龙骨、横撑龙骨及各种连接件组成；铝合金龙骨常用的有 T 形、U 形、LT 形及特制龙骨。应用最多的是 LT 形龙骨，LT 形龙骨主要由大龙骨、中龙骨、小龙骨、边龙骨及各种连接件组成；普通型钢龙骨适应于顶棚荷载较大、悬吊点间距很大或其他特殊环境，常采用角钢、工字钢等型钢。轻钢龙骨配件组合示意如图 4-8 所示
面层	顶棚面层的作用是装饰室内空间，一般还具有吸声、反射等一些特定功能。面层构造设计通常要结合灯具、风口布置等一起进行。顶棚面层又分为抹灰类、板材类和格栅类，最常用的是板材类

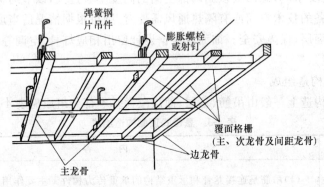

图 4-6　单层骨架构造

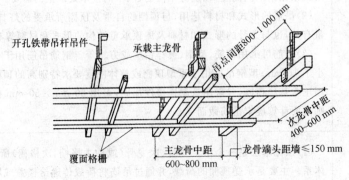

图 4-7　双层骨架构造

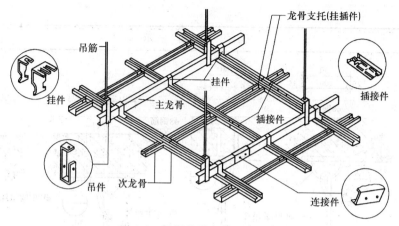

图 4-8　轻钢龙骨配件组合示意

3. 悬吊式顶棚基本构造

(1)吊筋设置。吊筋与楼屋盖连接的节点称为吊点,吊点应均匀布置,一般在 900～1 200 mm左右,主龙骨端部距第一个吊点不超过 300 mm,示意如图 4-9 所示。

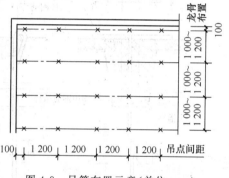

图 4-9　吊筋布置示意(单位:mm)

(2)吊筋与结构的连接。吊筋与结构的一般连接构造方式见表 4-4。

表 4-4　吊筋与结构的连接方式　　　　　　　　　　　(单位:mm)

名称	图　　　示
吊筋直接插入预制板的板缝,并用 C20 细石混凝土灌缝	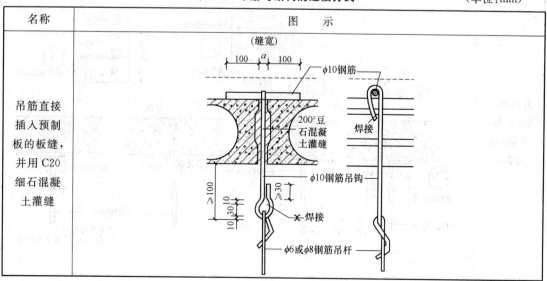

名称	图 示
吊筋绕钢筋混凝土梁板底预埋件焊接的半圆环上	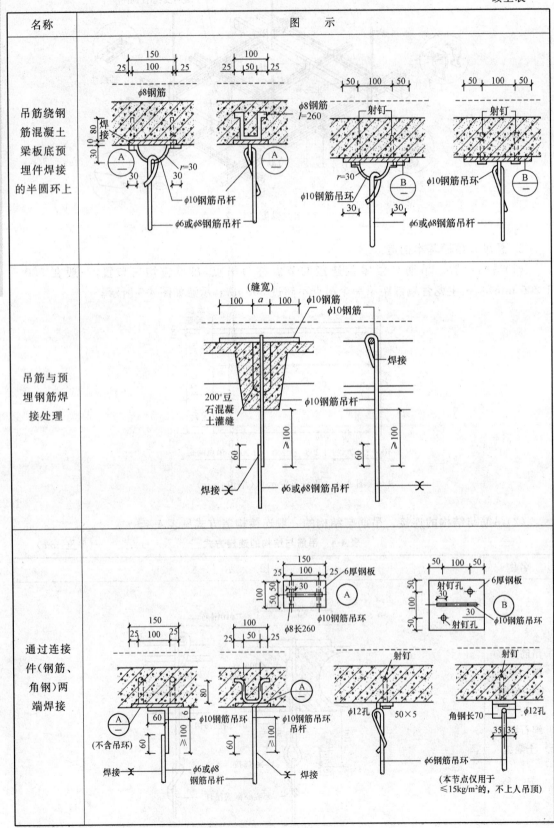
吊筋与预埋钢筋焊接处理	
通过连接件(钢筋、角钢)两端焊接	

·村镇装饰装修工程·

（3）吊筋与龙骨的连接。若为木吊筋木龙骨，将主龙骨钉在木吊筋上；若为钢筋吊筋木龙骨，将主龙骨用镀锌铁丝绑扎、钉接或螺栓连接；若为钢筋吊筋金属龙骨，将主龙骨用连接件与吊筋钉接、吊钩或螺栓连接。

（4）面层与基层的连接。

1）抹灰类顶棚。抹灰类顶棚的抹灰层必须附着在木板条、钢丝网等材料上，因此首先应将这些材料固定在龙骨架上，然后再做抹灰层，抹灰的构造做法与内墙饰面构造相同。单纯用抹灰做饰面层的方法目前在较高档装饰中已经不多见，常用的做法是在抹灰层上再做贴面饰面层，贴面材料主要有墙纸、壁布及面砖等。

2）板材类顶棚。板材类顶棚饰面板与龙骨之间的连接一般需要连接件、紧固件等连接材料，有钉、粘、卡、挂、搁等连接方式。饰面板拼缝是影响顶棚面层装饰效果的一个重要因素，一般方式见表 4-5。饰面板的拼缝构造如图 4-10 所示。

表 4-5　拼缝的一般方式

项目	内　容
对缝	板与板在龙骨处对接，多采用粘或钉的方法对面板进行固定
凹缝	在两块面板的拼缝处，利用面板的形状、厚度等所做出的 V 形或矩形拼缝，其宽度不应小于10 mm，必要时应采用涂颜色、加金属压条等方法处理，以增强线条及立体感
盖缝	板材间的拼缝并不直接显露，而是利用龙骨的宽度或专门的压条将拼缝盖起来

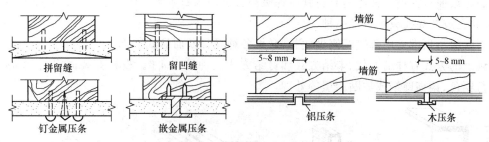

图 4-10　饰面板的拼缝构造

4. 常见悬吊式顶棚构造

（1）板条抹灰顶棚装饰构造。板条抹灰是采用木材作为木龙骨和木板条，在板条上抹灰。板条间隙 8～10 mm，两端均应钉固在次龙骨上，不能悬挑，板条头宜错开排列，以免因板条变形、石灰干缩等原因造成抹灰开裂。板条抹灰一般采用纸筋灰或麻刀灰，抹灰后再粉刷。如图 4-11 所示。

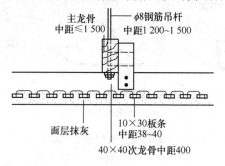

图 4-11　板条抹灰顶棚（单位:mm）

（2）钢板网抹灰顶棚装饰构造。钢板网抹灰顶棚采用金属制品作为顶棚的骨架和基层。主龙骨用槽钢，型号由结构计算而定；次龙骨用等边角钢，中距为 400 mm；面层选用 1.2 mm 厚的钢板网；网后衬垫一层 6 mm 中距为 200 mm 的钢筋网架；在钢板网上进行抹灰，如图4-12 所示。

钢板网抹灰顶棚的耐久性、防振性和耐火等级均较好，但造价较高，一般用于中、高档建筑中。

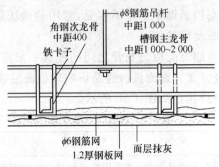

图 4-12　钢板网抹灰顶棚（单位：mm）

（3）石膏板顶棚装饰构造。顶棚用石膏板的类型有以下两种。

1）纸面石膏板。常用的是纸面石膏装饰吸声板，又分有孔和无孔两大类，并有各种花色图案。

2）无纸面石膏板。常用的有石膏装饰吸声板和防水石膏装饰吸声板等，又有平板、花纹浮雕板、穿孔或半穿孔吸声板等品种。

石膏板吊顶常采用薄壁轻钢做龙骨，常见各种龙骨断面形式如图 4-13 所示。板材固定在次龙骨上的方式有挂结方式、卡结方式和钉结方式三种见表 4-6。板材安装固定后，要对石膏板进行刷色、裱糊壁纸或加贴面层等处理。

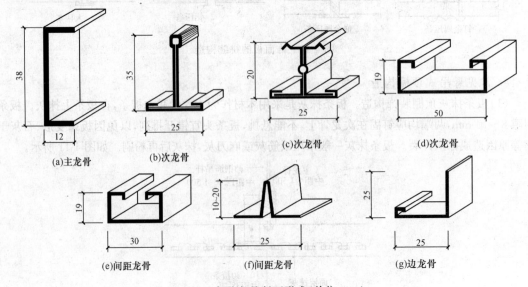

图 4-13　各种龙骨断面形式（单位：mm）

表 4-6　次龙骨石膏板材顶棚构造

名　称	图　　示
挂结方式	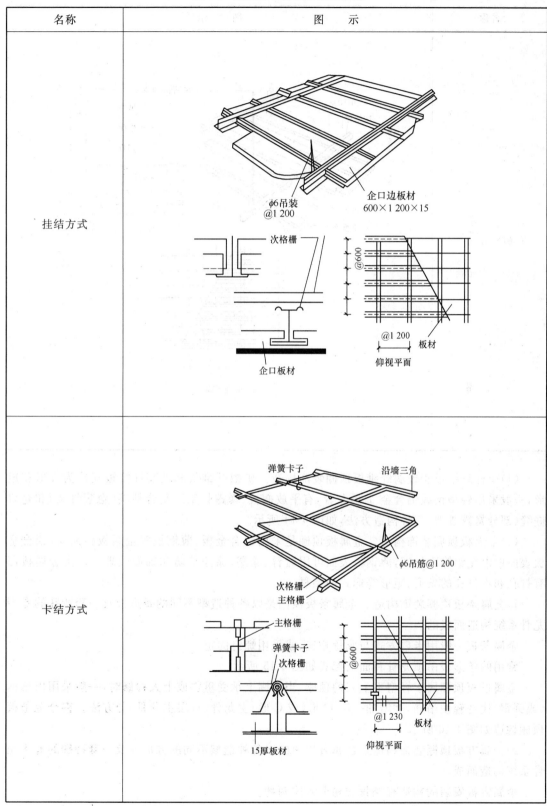
卡结方式	

名称	图示
钉结方式	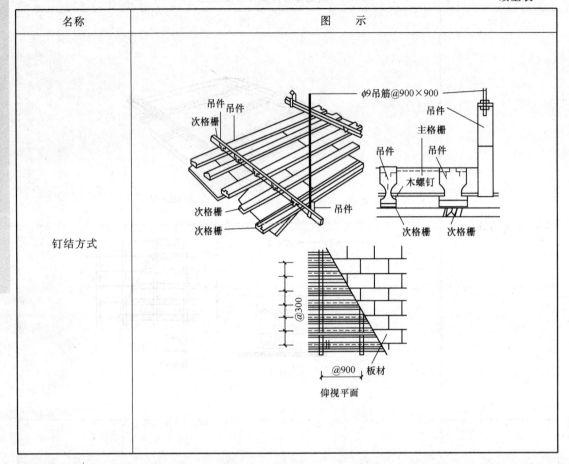

（4）矿棉纤维板和玻璃纤维板顶棚装饰构造。矿棉纤维板和玻璃纤维板规格为方形和矩形，一般采用轻型钢或铝合金 T 形龙骨，有平放搁置（暴露骨架）、复合粘接（隐蔽骨架）和企口嵌缝（部分暴露骨架）三种构造方法，如图 4-14 所示。

（5）金属板顶棚装饰构造。金属板顶棚是采用铝合金板、薄钢板等金属板材面层，铝合金板表面做电化铝饰面处理，薄钢板表面可用镀锌、涂塑、涂漆等防锈饰面处理。两类金属板都有打孔和不打孔的条形、矩形等形式的型材。

1）金属条板顶棚装饰构造。金属条板顶棚是以各种造型不同的条形板及一套特殊的专用龙骨系统构造而成的。

金属条板一般用卡口方式与龙骨相连，或采用螺钉固定。

常用的条形板吊顶龙骨和面板形式如图 4-15 所示。

金属条板顶棚属于轻型不上人的顶棚，当顶棚上承受重物或上人检修时，一般采用以角钢（或圆钢）代替轻便吊筋，并增加一层 U 形（或 C 形）主龙骨（双层主龙骨）的方法。铝合金条板顶棚构造如图 4-16 所示。

2）金属方板顶棚装饰构造。金属方板顶棚以各种造型不同的方形板及一套特殊的专用龙骨系统构造而成。

金属方板安装的构造有龙骨式和卡入式两种。

①龙骨式多为 T 形龙骨、方板四边带翼缘，搁置后形成格子形离缝。

②卡入式的金属方板卷边向上,形同有缺口的盒子形式,一般边上扎出凸出的卡口,卡入有夹翼的龙骨中。铝合金方板顶棚构造如图 4-17 所示。

3)透光材料顶棚装饰构造。透光材料顶棚是指顶棚饰面板采用彩绘玻璃、磨砂玻璃、有机玻璃片等透光材料的顶棚。

透光材料顶棚整体透亮、光线均匀,减少了室内空间的压抑感,装饰效果好。但要保证顶部透射光线均匀,灯具与饰面板必须保持必要的距离,占据一定的空间高度。

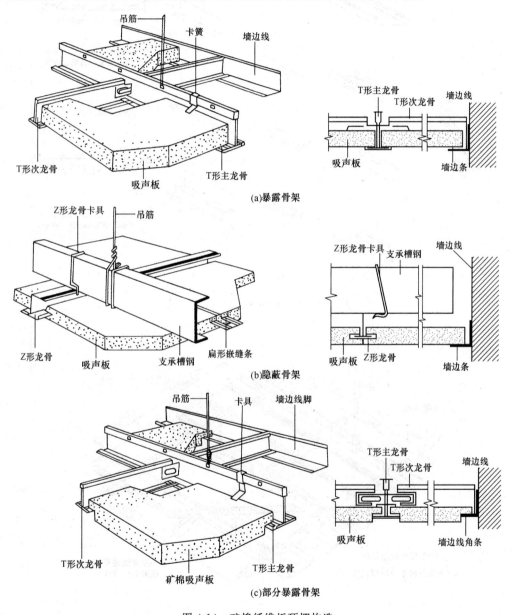

图 4-14 矿棉纤维板顶棚构造

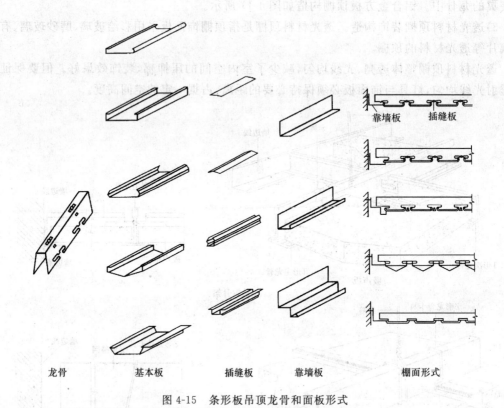

龙骨　　　　基本板　　　插缝板　　　靠墙板　　　　棚面形式

图 4-15　条形板吊顶龙骨和面板形式

图 4-16　铝合金条板顶棚构造(单位:mm)

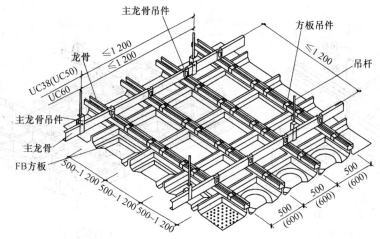

图 4-17　铝合金方板顶棚构造(单位:mm)

透光材料顶棚的构造做法:

①面层透光板一般采用搁置方式与龙骨连接,以方便检修,若采用粘贴方式并用螺钉加固,应设置进入孔和检修走道,并将灯座做成活动式;

②由于顶棚骨架需支撑灯座和面层透光材料两个部分,因此必须设置双层骨架,上下之间通过吊杆连接,上层骨架通过吊杆连接到主体结构上。透光材料顶棚构造如图 4-18 所示。

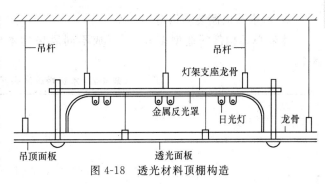

图 4-18　透光材料顶棚构造

四、格栅类顶棚装饰构造

1. 格栅类顶棚的特点及安装构造

(1)格栅类顶棚又称开敞式吊顶,其表面开口,既有遮又有透的感觉,减少了吊顶的压抑感;与照明灯具的布置相结合,可增加吊顶构件和灯具的艺术功能;具有一定的韵律感和通透感,近年来在各种类型的建筑中应用较多。

(2)格栅类顶棚由木、金属、灯饰、塑料等单体构件组合而成,通过插接、挂接或榫接的方法连接在一起,如图 4-19 所示。

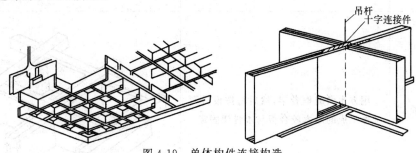

图 4-19　单体构件连接构造

格栅类吊顶的安装构造,可分为直接固定法和间接固定法(先将单体构件用卡具连成整体,再通过通长的钢管与吊筋相连)两种,如图 4-20 所示。

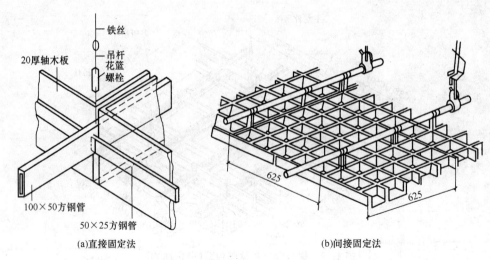

图 4-20　格栅类吊顶的安装构造(单位:mm)

2.木格栅顶棚装饰构造

木制单体构件的造型多样,可形成不同风格的木格栅顶棚。木结构单体构件形式见表4-7。

表 4-7　木结构单体构件形式

项　目	内　容	图　示
单板方框式	用宽度为 120～200 mm,厚度为 9～15 mm 的木胶合板拼接而成,板条之间采用凹槽插接,凹槽深度为板条宽度的一半,板条插接前应在槽口处涂刷白乳胶	
骨架单板方框式	用方木做成框骨架,然后将按设计要求加工成的厚木胶合板与木骨架固定	

· 136 ·

项　目	内　容	图　示
单条板式	用实木或厚木胶合板加工成木条板，并在上面按设计要求开出方孔或长方孔，然后将作为支撑条板的龙骨穿入条板孔洞内，并加以固定	

3. 灯饰格栅顶棚装饰构造

格栅式吊顶与灯光布置的关系密切，常将其单体构件与灯具的布置结合起来，增加了吊顶构件和灯具双方的艺术功能。灯具的布置形式见表4-8。

表 4-8　灯具的布置形式

项　目	内　容	图　示
内藏式	将灯具布置在吊顶的上部，并与吊顶表面保持一定距离	
悬吊式	将灯具用吊件悬吊在吊顶平面以下	
吸顶式	将灯具固定在吊顶平面上	
嵌入式	将灯具嵌入单体构件的网格内，灯具与吊顶表面平齐或者伸出吊顶一部分	

4. 金属格栅顶棚装饰构造

(1)金属格栅顶棚是由金属条板等距离排列成条式或格子式而形成的,为照明、吸声和通风创造良好的条件。

(2)在金属格栅顶棚中应用最多的是铝合金单体构件,其造型多种多样,有方块铝合金单体、方筒形铝合金单体、圆筒形铝合金单体、花片形铝合金单体等,通常用 0.5～0.8 mm 厚的铝合金薄板加工而成,表面有烤漆和阳极氧化两种。方块形铝合金格栅吊顶构造如图 4-21 所示。

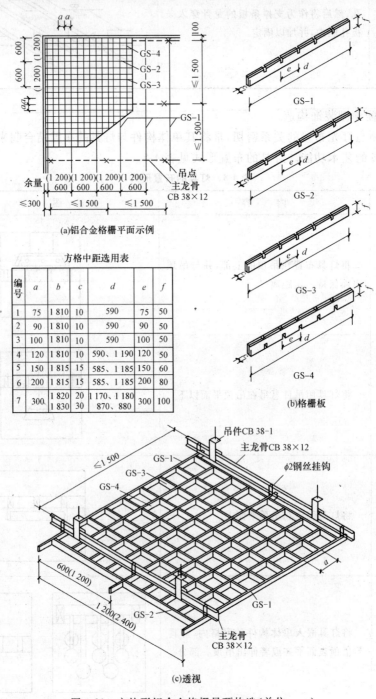

方格中距选用表

编号	a	b	c	d	e	f
1	75	1 810	10	590	75	50
2	90	1 810	10	590	90	50
3	100	1 810	10	590	100	50
4	120	1 810	10	590、1 190	120	50
5	150	1 815	15	585、1 185	150	60
6	200	1 815	15	585、1 185	200	80
7	300	1 820 1 830	20 30	1 170、1 180 870、880	300	100

图 4-21　方块形铝合金格栅吊顶构造(单位:mm)

五、顶棚特殊部位构造

1. 顶棚与墙面连接构造

(1)顶棚与墙体的固定方式随顶棚形式和类型的不同而不同,通常采用在墙内预埋铁件、螺栓或木砖,通过射钉连接和龙骨端部伸入墙体等构造方法。

(2)端部造型处理形式如图 4-22 所示,其中图 4-22(c)所示的方式中,交接处的边缘线条一般还需另加木制或金属装饰压条处理,可与龙骨相连,也可与墙内预埋件连接,顶棚边缘装饰压条的几种做法如图 4-23 所示。

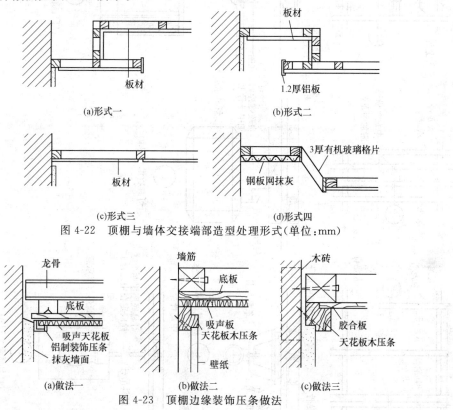

图 4-22　顶棚与墙体交接端部造型处理形式(单位:mm)

图 4-23　顶棚边缘装饰压条做法

2. 顶棚与灯具连接构造

顶棚上安装的灯具,有以下两种类型。

(1)与顶棚直接结合的(如吸顶灯等)。吸顶灯是直接固定在顶棚平面上的灯具,小吸顶灯直接连接在顶棚龙骨上,大型吸顶灯要从结构层单设吊筋,增设附加龙骨。

(2)与顶棚不直接结合的(如吊灯等)。吊灯通过吊杆或吊索悬挂在顶棚下面,吊灯可安装在结构层上、安装在次龙骨上或补强龙骨上。

嵌入式灯具应在需要安装灯具的位置,用龙骨按灯具的外形尺寸围合成孔洞边框,此边框既作为灯具安装的连接点,也作为灯具安装部位局部补强龙骨。图 4-24 为几种灯具与顶棚的连接构造。

3. 顶棚与通风口连接构造

(1)通风口可布置在吊顶的底面或侧壁上,通常安装在附加龙骨边框上,边框规格不小于次龙骨规格,并用橡皮垫做减噪处理。有明通风口和暗通风口两种布置方式。风口有单个的定型产品,形状多为方形或圆形。通风口与顶棚的连接构造如图 4-25 所示。

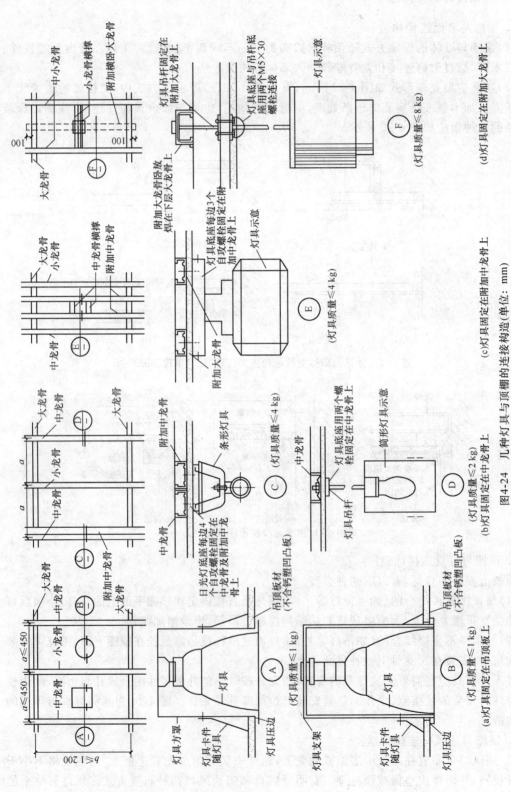

图4-24 几种灯具与顶棚的连接构造(单位: mm)

(a)灯具固定在吊顶板上 (b)灯具固定在中龙骨上 (c)灯具固定在附加中龙骨上 (d)灯具固定在附加大龙骨上

注: 1.本图内灯具及安装仅作示意。设计人需根据各工程采用的灯具质量、灯具形状、吊挂方式等条件选用相应节点。

2.超重型装饰灯具(>8 kg)以及有振动的电扇等,均需自行吊挂,不得与吊顶龙骨发生受力关系。

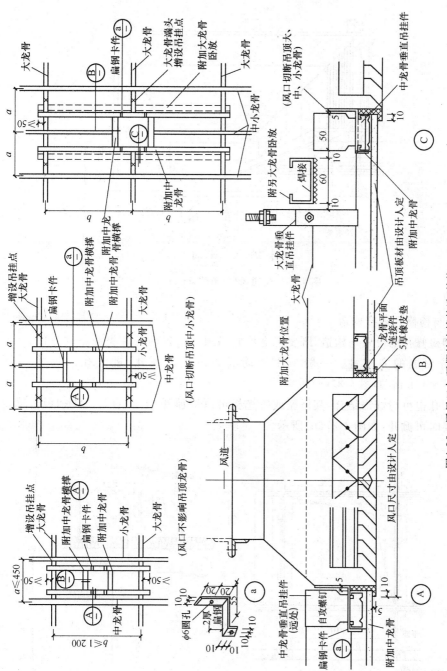

图4-25 通风口与顶棚的连接构造(单位: mm)

注: 1.风口安装时应自行与吊顶龙骨不发生受力关系。
    2.圆形风口安装时在板材上切割圆洞, 龙骨做法同方形风口。

(2)暗通风口是结合吊顶的端部处理而做成的通风口,如图 4-26 所示。这种方法不仅避免了在吊顶表面设风口,有利于保证吊顶的装饰效果,还可将端部处理、通风和效果三者有机地结合起来。

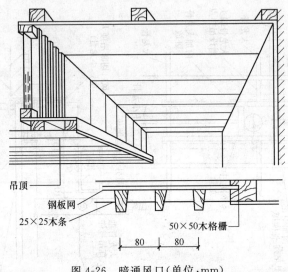

图 4-26　暗通风口(单位:mm)

　　4.顶棚与检修孔连接构造

　　(1)顶棚检修孔的设置与构造,既要考虑检修吊顶及吊顶内的各类设备的方便,又要尽量隐蔽,以保持顶棚的完整性。一般采用活动板做吊顶进人孔,进人孔的尺寸一般不小于 600 mm×600 mm,如图 4-27(a)所示。

　　(2)进人孔也可与灯饰结合,其格栅或折光板可以被顶开,上面的罩白漆钢板灯罩也是活动式的,需要时可掀开,如图 4-27(b)所示。

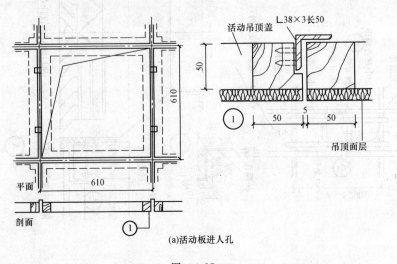

(a)活动板进人孔

图　4-27

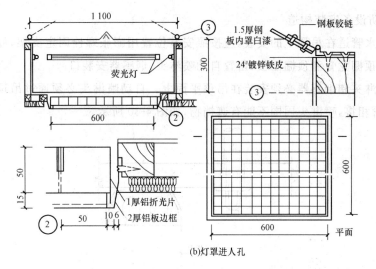

(b)灯罩进人孔

图4-27　活动板进人孔与灯罩进人孔构造(单位:mm)

注:吊顶检修孔、进人孔要考虑检修方便及昼隐蔽,

如利用侧墙、灯饰或活动板等方式以保持吊顶完整。

5. 不同材质顶棚连接构造

同一顶棚上采用不同材质装饰材料的交接处收口做法有压条过渡收口和高低差过渡处理法两种。如图4-28所示。

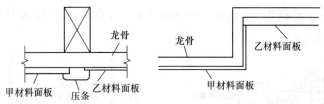

图4-28　不同材质装饰材料顶棚交接处收口构造做法

6. 不同高度顶棚连接构造

顶棚往往都要通过高低差变化来达到限定空间、丰富造型、满足音响及照明设备的安置等其他特殊要求的目的。高低差的典型处理方法图4-29所示。

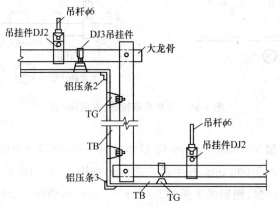

图4-29　铝合金吊顶高低差做法构造

7. 自动消防设备安装构造

（1）消防给水管道在吊顶上的安装，应按照安装位置用膨胀螺栓固定支架，放置消防给水管道，然后安装顶棚龙骨和顶棚面板，留置自动喷淋头、烟感器安装口。

（2）自动喷淋头和烟感器必须安装在吊顶平面上。自动喷淋头必须通过吊顶平面与自动喷淋系统的水管相接，喷淋头周围不能有遮挡物，如图 4-30 所示。

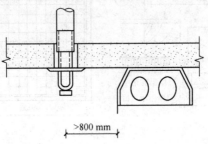

图 4-30　自动喷淋头构造

8. 顶棚内检修通道构造

检修通道是上人吊顶中的人行通道，主要用于顶棚中的设备、管线、灯具的安装和检修，因此检修通道应靠近这些设备布置，宽度以一个人能通行为宜。常用的通道做法有以下两种。

（1）简易马道。采用 30 mm×60 mm 的 U 形龙骨两根，槽口朝下固定于顶棚的主龙骨，吊杆直径为 8 mm，并在吊杆焊 30 mm×30 mm×3 mm 的角钢上做水平栏杆扶手，高度为 600 mm，如图 4-31 所示。

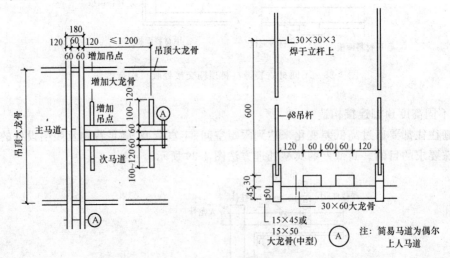

图 4-31　简易马道构造（单位：mm）

（2）普通马道。采用 30 mm×60 mm 的 U 形龙骨 4 根，槽口朝下固定于吊顶的主龙骨上，设立杆和扶手，立杆中距 1 000 mm，扶手高 600 mm，如图 4-32(a) 所示。或者采用 8 mm 圆钢按中距 60 mm 做踏面材料，圆钢焊于两端 50 mm×5 mm 的角钢上，设立杆和扶手，立杆中距 800 mm，扶手高 600 mm，如图 4-32(b) 所示。

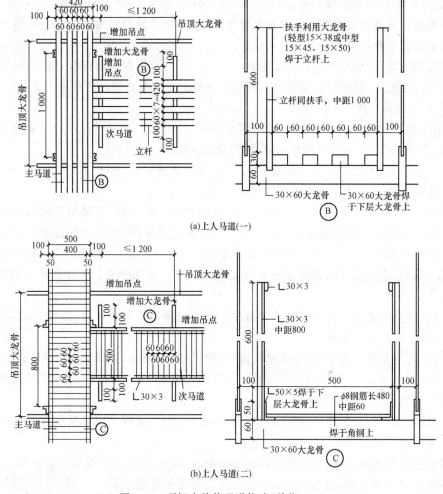

图 4-32　顶棚内检修通道构造(单位:mm)

第二节　轻钢龙骨吊顶施工

一、轻钢龙骨活动饰面板吊顶工程

1. 工艺流程

施放吊顶标高水平线,分画龙骨分档线 → 安装主龙骨吊杆 → 安装边龙骨 → 安装 U 形主龙骨 →
安装 T 形龙骨 → 安装饰面板 → 调整

2. 施放吊顶标高水平线,分画龙骨分档线

用水准仪在房间内每个墙(柱)角上抄出水平点(若墙体较长,中间也应适当抄出几点),施
放出建筑楼层标高装饰水平基准线(距离标准地面一般为500 mm、1 000 mm 或 1 100 mm),
由水平基准线再用钢尺竖向量至吊顶设计标高,用粉线沿墙、柱四周弹出吊顶边(次)龙骨标高
下皮线。

按吊顶平面图,在顶板上弹出主龙骨的位置线。主龙骨宜按房间长向布置,同时考虑镶嵌

灯的方向,可从吊顶中心向两边分,主龙骨及吊杆间距 900～1 200 mm,一般取 1 000 mm。

如遇到梁和管道固定点大于设计和规程要求,应增设吊杆的固定点。与主龙骨平行方向吊点位置必须在一条直线上。

为避免暗藏灯具、管道等设备与主龙骨、吊杆相撞,可预先在地面画线、排序,确定各对象的位置后再吊线施工,排序时注意第一根及最后一根主龙骨与墙侧向间距不大于 200 mm。

3. 安装主龙骨吊杆

(1)不上人的吊顶,吊杆长度小于或等于 1 000 mm 时,可采用 $\phi6$ mm 的吊杆,大于 1 000 mm 时,应采用 $\phi8$ mm 的吊杆,并应设置反向支撑。

上人的吊顶,吊杆长度小于 1 000 mm,可以采用掷的吊杆,如果大于 1 000 mm,应采用 $\phi10$ mm 的吊杆,还应设置反向支撑。

(2)吊杆通常采用通丝吊杆,也可以采用冷拔钢筋或盘圆钢筋,若采用盘圆钢筋应采用机械将其拉直。吊杆的一端用 L 形(30×30×3,$L=50$ mm)角钢焊接(角钢的孔径应根据吊杆和膨胀螺栓的直径确定),另一端套出丝扣,长度不小于 100 mm,制作好的吊杆应做防锈处理。

(3)吊杆采用膨胀螺栓固定在楼板上时,用电锤打孔,孔径应稍大于膨胀螺栓的直径 1～1.5 mm。

(4)吊挂杆件应通直并有足够的承载力。当预埋的吊杆需要接长时,必须搭接焊牢,搭接长度为 10d,焊缝要均匀饱满。

(5)吊杆距主龙骨端部距离(即悬挑长度)不得超过 300 mm,否则应增加吊杆。

(6)吊顶灯具、风口及检修口等处应设附加吊杆。大于 3 kg 的重型灯具、电扇及其他重型设备严禁安装在吊顶工程的龙骨上,应另设吊挂件与结构连接。

(7)当需要设置反向支撑时,应考虑吊顶房间面积大小、顶棚空间高度和设备安装位置的实际情况等因素。通常可采用以下几种做法。

1)设置拉杆和支撑,采用与吊杆相同规格的钢筋,顺主龙骨方向,在吊杆的中间部位,通长设置水平拉结筋一道与各吊杆焊牢,吊杆与吊杆之间适当设置 L 30×30、L 50×50 角钢斜撑或剪刀撑。

2)设置刚性支撑,在吊杆部位同时采用膨胀螺栓固定,将 L 30×30、L 50×50 角钢直接与结构顶板顶牢,确保吊杆受力均匀、稳定。

3)使用两种材料组合吊杆,改变吊杆截面,即:吊杆分别由 L 30×30、L 50×50 角钢和 $\phi8$、10 的圆钢(截取一部分)焊接,组合成为一个新型吊挂杆件,取代原有吊杆,采用膨胀螺栓将 L 30×30、L 50×50 角钢固定在结构顶板上,以提高反向支撑能力。

4. 安装边龙骨

根据墙、柱四周弹出的吊顶边(次)龙骨下皮线标高,需提前使用 $\phi20$ mm 钻孔下木楔,间距应不大于吊顶次龙骨间距,一般间距为 500～600 mm,龙骨两端各留 50 mm,木楔应做防腐处理。

边龙骨的安装应将吊顶边(次)龙骨标高下皮线与 L 形边龙骨下边缘齐平,然后使用螺丝钉固定在木楔上。如为混凝土墙(柱)时,可用射钉固定,射钉间距应不大于吊顶次龙骨的间距。一般间距为 500～600 mm,次龙骨两端各留 50 mm。

5. 安装 U 形主龙骨

(1)配装吊杆螺母和吊挂件。

(2)主龙骨安装在吊挂件上。

（3）安装主龙骨时,将组装好吊挂件的主龙骨,按分档线位置使吊挂件穿入相应的吊杆螺栓,拧好螺母。主龙骨间距为 900～1 200 mm,一般取 1 000 mm。轻钢龙骨可选用 UC50 中龙骨或 UC38 小龙骨。

（4）根据主龙骨标高位置,对角拉水平标准线;主龙骨安装调平以该线为基准。

（5）主龙骨应平行房间长向安装,安装应起拱,起拱高度:当面积小于 50 m² 时,一般按房间短向跨度的 1‰～3‰起拱;当面积大于 50 m² 时,一般按房间短向跨度的 3‰～5‰起拱。

（6）主龙骨的接长应采取专用接长件对接,相邻龙骨的对接接头要相互错开。主龙骨挂件应在主龙骨两侧安装,以保证主龙骨的稳定性,主龙骨挂好后应基本调平。

（7）跨度大于 15 m 以上的吊顶,为增强整体刚度和稳定性能,应在主龙骨上部,每隔 15 m 加一道与主龙骨相同规格的龙骨,垂直主龙骨横向安放并连接牢固。

（8）遇到大的造型顶棚,造型部分应用角钢或型钢焊接成框架,并应与楼板吊挂连接牢固。

（9）安装检查口或风口附加主龙骨,按图集相应节点构造,设置连接卡固件。

6. 安装 T 形龙骨

（1）安装 T 形主龙骨。T 形主龙骨应紧贴 U 形主龙骨安装,T 形主龙骨间距应根据饰面板宽度确定。

T 形主龙骨分为 T 形烤漆龙骨、T 形铝合金龙骨,以及各种类型和品牌配备的专用安装龙骨。T 形主龙骨的两端应搭在 L 形边龙骨的水平翼缘上。

（2）安装 T 形次龙骨。T 形次龙骨应按饰面板规格插接在 T 形主龙骨上,位置应准确、连接要可靠。沿墙的次龙骨端头应搭在 L 形边龙骨的水平翼缘上。

7. 安装饰面板

检查次龙骨标高和间距应符合设计要求,次龙骨应顺直、平整,间距与饰面板尺寸吻合。

打开包装,认真对饰面板型号规格、厚度、表面平整度和外观进行检查,不符合要求的需及时修整和调换。

将饰面板搁置平放在 T 形龙骨的翼缘上,四边应平稳,受力均匀。

安装时应注意板背面的箭头方向和白线方向一致,以保证饰面板表面花纹、图案的整体性。

饰面板安装顺序,宜由吊顶中间部位纵向摆放一行,再横向摆放一行,进行调整后再向四周展开摆放,做到表面洁净,缝隙均匀,无翘曲、裂缝和缺损。

饰面板上的灯具、烟感、喷淋头、风口、广播等设备的位置应合理、美观,与饰面的交接应吻合、严密。遇有竖向管线饰面板套割要严密、整齐。

8. 调整

吊顶饰面板安装后应统一拉线调整,确保龙骨顺直,缝隙均匀一致,顶板表面洁净、平整。

二、轻钢龙骨固定罩面板吊顶工程

1. 工艺流程

施放吊顶标高水平线,分画龙骨分档线 → 安装主龙骨吊杆 → 安装边龙骨 → 安装主龙骨 → 安装次龙骨 → 安装罩面板 → 调整

2. 施放吊顶标高水平线,分画龙骨分档线

参见本节第一部分"轻钢龙骨活动饰面板"的内容。

3. 安装主龙骨吊杆

参见本节第一部分"轻钢龙骨活动饰面板"的内容。

4. 安装边龙骨

参见本节第一部分"轻钢龙骨活动饰面板"的内容。

5. 安装主龙骨

(1)配装吊杆螺母和吊挂件。

(2)主龙骨安装在吊挂件上。

(3)安装主龙骨时,将组装好吊挂件的主龙骨,按分档线位置使吊挂件穿入相应的吊杆螺栓,拧好螺母。主龙骨间距为 900～1 200 mm,一般取 1 000 mm。主龙骨分不上人 UC38 和 UC50 龙骨、上人 UC60 龙骨两种。

(4)根据主龙骨标高位置,对角拉水平标准线,主龙骨安装调平以该线为基准。

(5)主龙骨应按平行房间长向安装,安装应起拱,起拱高度当面积小于 50 m² 时,一般按房间短向跨度的 1‰～3‰起拱;当面积大于 50 m² 时,一般按房间短向跨度的 3‰～5‰起拱。

(6)主龙骨的接长应采取专用接长件对接,相邻龙骨的对接接头要相互错开。主龙骨挂件应在主龙骨两侧安装,以保证主龙骨的稳定性,主龙骨挂好后应基本调平。

(7)跨度大于 15 m 以上的吊顶,为增强整体刚度和稳定性能,应在主龙骨上部,每隔 15 m加一道与主龙骨相同规格的龙骨,垂直主龙骨横向安放并连接牢固。

(8)遇到大的造型顶棚,造型部分应用角钢或型钢焊接成框架,并应与楼板吊挂连接牢固。

(9)吊顶如设有检修走道,应另设独立吊挂系统,并按照设计要求选用材料。检修走道布置应尽量避免与管道相交,确实无法避免时,可局部调整标高。检修走道基本材料可采用轻钢龙骨或型钢材料,并参照相关图集节点构造做法施工。

(10)安装检查口或洞口附加主龙骨,按图集相应节点构造,设置连接卡固件。

6. 安装次龙骨

(1)按已弹好的次龙骨分档线,卡放次龙骨吊挂件。次龙骨应紧贴主龙骨垂直安装,用专用挂件连接。每个连接点挂件应双向互扣成对或相邻的挂件应对向使用,以保证主次龙骨连接牢固,受力均衡。

(2)吊挂次龙骨时,应符合设计规定的次龙骨间距要求。设计无要求时,一般间距为300～600 mm。在潮湿地区间距应适当缩短,以 300 mm 为宜。次龙骨分为 U 形和 T 形两种,U 形龙骨一般用于钉固定面板,T 形龙骨一般用于暗插面板。

用 T 形镀锌专用连接件把次龙骨固定在主龙骨上时,次龙骨的两端应搭在 L 形边龙骨的水平翼缘上。当用自攻螺钉安装板材时,板材接缝处必须安装在宽度不小于 40 mm 的次龙骨上。

(3)当次龙骨长度需多根延续接长时,应使用专用连接件接长,在吊挂次龙骨的同时相接,调直固定。次龙骨安装完成后应保证底面与顶高标准线在同一水平面。

(4)通风、水电等洞口周围应根据设计要求设附加龙骨,附加龙骨的连接用拉铆钉铆固。灯具、风口及检修口等应设附加吊杆和补强龙骨。

7. 安装罩面板

(1)纸面石膏板、纤维水泥加压板安装。饰面板应在自由状态下固定,防止出现弯棱、凸鼓的现象;还应在房间具备封闭的条件下安装固定,防止板面受潮变形。纸面石膏板、纤维水泥加压板的长边(既包封边)应沿纵向次龙骨铺设。

自攻螺钉的规格要求:单层板自攻螺钉选用 3.5 mm×25 mm;双层板的第二层板自攻螺钉选用 3.5 mm×35 mm。

自攻螺钉与板边(纸面石膏板既包封边)的距离,以 10～15 mm 为宜,切割的板边以 15～20 mm 为宜。自攻螺钉距板边以 150～170 mm 为宜,板中钉距不超过 300 mm;螺钉应与板面垂直,已弯曲、变形的螺钉应剔除,并在离原钉位 50 mm 处另安螺钉。

安装双层板时,面层板与基层板的接缝应错开,不得在一根龙骨上。

板的接缝,应按设计要求进行板缝处理。

纸面石膏板、纤维水泥加压板与龙骨固定时,应从一块板的中间向板的四边进行固定,不得多点同时作业。

螺丝钉头宜略埋入板面,但不得损坏纸面,钉眼应作防锈处理并用防水石膏腻子抹平。

(2)木质多层板安装。龙骨间距、螺钉与板边的距离,及螺钉间距等应满足设计要求和有关产品的要求。

木质多层板与龙骨固定时,所用手电钻钻头的直径应比选用螺钉直径小 0.5～1.0 mm。固定后,钉帽应作防锈处理,并用油性腻子嵌平。

用密封膏、石膏腻子或原子灰腻子嵌涂板缝并刮平,硬化后用砂纸磨光,板缝宽度应小于 5 mm;不同材料相接缝宜采用明缝处理。板材的开孔和切割,应按产品的有关要求进行。

(3)大芯板安装。

饰面板应在自由状态下固定,防止出现弯棱、凸鼓的现象;大芯板材的长边应沿纵向次龙骨铺设。

自攻螺钉与大芯板长边的距离以 10～15 mm 为宜,短边以 15～20 mm 为宜。

固定次龙骨的间距,一般不应大于 600 mm,钉距以 150～170 mm 为宜,螺钉应与板面垂直,已弯曲、变形的螺钉应剔除。

面层板接缝应错开,不得在一根龙骨上。

大芯板与龙骨固定时,应从一块板的中间向板的四边进行固定,不得多点同时固定。

螺丝钉头宜略埋入板面 1 mm,钉眼应作防锈处理并用石膏腻子抹平。

(4)饰面板上的灯具、烟感、喷淋头、封口、广播等设备的位置应合理、美观,与饰面的交接应吻合、严密,并做好监测口的预留,使用材料应与母体相同,安装时应严格控制整体性、刚度和承载力。

(5)调整。吊顶饰面板安装后应统一拉线调整,按设计要求安装压条,确保龙骨顺直、缝隙均匀一致、顶板表面平整。

第三节 金属板条及方板吊顶施工

一、工艺流程

施放吊顶标高水平线,分画龙骨分档线 → 安装主龙骨吊杆 → 安装边龙骨 → 安装 U 形主龙骨 → 安装 T 形龙骨 → 安装饰面板 → 调整

二、施放吊顶标高水平线,分画龙骨风档线

参见本章第二节"轻钢龙骨活动饰面板吊顶工程"的内容。

三、安装主龙骨吊杆

参见本章第二节"轻钢龙骨活动饰面板吊顶工程"的内容。

四、安装边龙骨

参见本章第二节"轻钢龙骨活动饰面板吊顶工程"的内容。

五、安装 U 形龙骨

参见本章第二节"轻钢龙骨活动饰面板吊顶工程"的内容。

六、安装 T 形主龙骨

参见本章第二节"轻钢龙骨活动饰面板吊顶工程"的内容。

七、安装饰面板

1. 铝塑板安装

铝塑板采用室内单面铝塑板,根据设计要求,在工厂制作成需要的形状,用胶贴在事先封好的底板上,可以根据设计要求留出适当的胶缝。

用胶粘剂粘贴时,涂胶应均匀;粘贴时,应采用临时固定措施,并应及时擦去挤出的胶液;在打密封胶时,应先用美纹纸将饰面板保护好,待胶打好后,撕去美纹纸带,清理板面。

2. 单铝板或不锈钢板安装

将板材加工折边,在折边上加上角钢,再将板材用拉铆钉固定在龙骨上,可以根据设计要求留出适当的胶缝,在胶缝中填充泡沫塑料棒,然后打密封胶。在打密封胶时,应先用美纹纸将饰面板保护好,待胶打好后,撕去美纹纸带,清理板面。

3. 金属(条、方)扣板安装

条板式吊顶龙骨一般可直接吊挂,也可以增加主龙骨,主龙骨间距不大于 1 200 mm,一般为 1 000 mm 为宜,条板式吊顶龙骨形式与条板配套。

方板吊顶次龙骨分别装 T 形和暗装卡口两种,可根据金属方板式样选定;次龙骨与主龙骨间用固定件连接。

金属板吊顶与四周墙面所留空隙,用金属压条与吊顶找齐,金属压缝条材质宜与金属板面相同。

4. 饰面板上的灯具、烟感、喷淋头、风口、广播等设备的位置

位置应合理、美观,与饰面的交接应吻合、严密,并做好检修口的预留,使用的材料应与母体相同,安装时应严格控制整体性、刚度和承载力。

八、调 整

吊顶饰面板安装后应统一拉线调整,确保龙骨顺直、缝隙均匀一致、顶板表面平整。

第四节　玻璃饰面板吊顶施工

一、工艺流程

施放吊顶标高水平线,分画龙骨分档线 → 安装大龙骨吊杆 → 安装大龙骨 → 安装基层骨架 → 防腐防火处理 → 安装玻璃饰面板

二、施放吊顶标高水平线,分画龙骨分档线

参见本章第二节"轻钢龙骨活动饰面板吊顶工程"的内容。

三、安装大龙骨吊杆

参见本章第二节"轻钢龙骨活动饰面板吊顶工程"的内容。

四、安装大龙骨

(1)配装吊杆螺母和吊挂件。

(2)大龙骨安装在吊挂件上。

(3)安装大龙骨时,将组装好吊挂件的大龙骨,按分档线位置使吊挂件穿入相应的吊杆螺栓,拧好螺母。

(4)大龙骨由设计确定材质、规格、尺寸和间距要求。

(5)根据大龙骨标高位置,对角拉水平标准线,大龙骨安装调平以该线为基准。

五、安装基层骨架

基层骨架的制作、安装应符合设计要求。跨度较大的基层骨架应经设计计算后,其端部可以与梁、柱连接,以减轻楼板集中荷载。基层骨架应满足玻璃饰面板安装要求。

六、防腐防火处理

顶棚内所有露明铁件,须涂刷防锈漆。大龙骨需刷防火涂料2～3度。

七、安装玻璃饰面板

(1)玻璃饰面板一般分为彩绘玻璃和磨砂玻璃等,应符合设计要求。

(2)玻璃饰面板安装要求。

1)点支吊挂做法:

①在基层骨架上安装玻璃饰面板不锈钢吊挂件;

②不锈钢吊挂件的间距与玻璃饰面板孔洞间距,应完全一致、吻合;

③玻璃饰面板孔洞由厂家负责打孔;

④玻璃饰面板直接与不锈钢吊挂件连接,玻璃饰面板下面用不锈钢螺帽(带胶垫)锁紧;

⑤板缝打胶由设计确定。

2)粘贴钉固做法：

①在基层骨架上安装 7 mm 厚胶合板（双面满涂防火涂料），采用自攻螺钉固定时，间距应大于 300 mm；依据设计要求弹出玻璃饰面板位置线；

②玻璃饰面板应按照弹线位置对号入座，逐次安装，用玻璃胶粘贴；

③玻璃饰面板四周用半圆头（带胶垫）不锈钢螺丝固定；

④板缝打胶。

第五章 村镇建筑饰面板(砖)工程

第一节 饰面板安装施工

一、工艺流程

钻孔、剔槽 → 穿铜丝或镀锌铁丝 → 焊钢筋网 → 弹线 → 石材刷防护剂处理 → 基层处理 → 安装石材板 → 分层灌浆 → 擦缝、清洁

二、钻孔、剔槽

安装前先将饰面板端面打孔。事先应钉木架使钻头直对板材上端面,在每块板的上、下两个面打眼,孔位打在距板宽的两端 1/4 处,每个面各打两个孔,孔径为 5 mm,深度为 12 mm,孔位距石板背面以 8 mm 为宜。如石材板宽度较大时,可以增加孔数。钻孔后用云石机轻轻剔一道槽,深 5 mm 左右,连同孔眼形成象鼻眼,以备埋卧铜丝之用。

亦可采用开槽的方法:槽长 30~40 mm,槽深 12 mm,与饰面板背面成"八字"打通;槽一般居中,亦可偏外(以不损坏外饰面为宜),以便将铜丝卧入槽内与钢筋网绑扎固定。

三、穿铜丝

把铜丝剪成长 20 mm 左右,一端用木楔粘环氧树脂将铜丝插进孔内固定牢固,另一端将铜丝顺孔槽弯曲并完全卧入槽内。

四、焊钢筋网

剔出墙上的预埋件或安装膨胀螺栓,把墙面清扫干净。在预埋件上先焊接或绑扎竖向 ϕ6 mm钢筋,并把竖筋用预埋筋弯压至墙面。横向钢筋用于绑扎石板材。第一道横筋在地面以上 100 mm 处,与竖筋绑牢,用做第一层板材的下口绑扎固定;第二道横筋绑在比石板上口低 20~30 mm 处,用做第一层石板上口绑扎固定;第三道横筋同第二道,依次类推。

五、弹线

首先将要贴石材的墙面、柱面和门窗套用线坠找出垂直。应根据石板厚度、灌注砂浆的空隙和钢筋网所占尺寸,石材外皮距结构面的厚度以 50~70 mm 为宜。找出垂直后,在地面上顺墙弹出石材外廓尺寸线。此线即为第一层石材的安装基准线。在弹好的基准线上面画出石材就位线,每块留 1 mm 缝隙(如设计要求拉开缝,则按设计规定留出缝隙)。

六、石材防护剂(防碱)处理

石材表面充分干燥(含水率小于 8%,经过试验)后,用石材防护剂进行石材背面及四边切

口的防护处理。石材正立面保护剂的使用应根据设计要求,此工序必须在无污染的环境下进行,将石材平放于木方上,用羊毛刷蘸上防护剂,均匀涂刷于石材表面,涂刷必须到位,第一遍涂刷完间隔 24 h 后,用同样的方法涂刷第二遍石材防护剂。

七、基层处理

清理墙体表面,要求墙体无疏松层、浮土和污垢。

八、安装石材板

按部位、编号取石板并就位。先将石板上口外倾,手伸入石板背面把石板下口绑扎丝绑扎在横筋上,绑时不要太紧,可留余量,只要与横筋绑牢即可;然后把石板竖直,绑石板上口绑扎丝,并用木楔子垫稳。

用靠尺检查,用木楔做微调,再绑绑扎丝,依次向另一方进行。第一层石材安装完毕再用靠尺找垂直,用水平尺找平整,用方尺找阴阳角方正。在安装石板时如发现石板规格不准确或石板之间的空隙不符,应用铅皮垫牢,使石板之间缝隙均匀一致,并保持第一层石板上口的平直。

找完垂直、平直、方正后,调制熟石膏成粥状,贴在石板上下和左右之间,使这相邻石板相对固定,木楔处亦应粘贴石膏,防止移位,等石膏硬化后方可灌浆。(如设计有嵌缝材料,应在灌浆前塞放好)

安装柱面石材,其弹线、钻孔、绑扎丝和安装等工序与镶贴墙面方法相同。柱面石板可按顺时针方向安装,一般先从正面开始。要注意灌浆前用木方子钉成槽形卡子,双面卡住石材板,以防止灌浆时石板外张。

九、分层灌浆

把 1∶2.5 水泥砂浆放入容器中加水调成粥状,用铁簸箕将砂浆徐徐倒入石材与墙体间隙。注意不要碰到石板,边灌浆边用小铁棍轻轻插捣,使灌入砂浆排气。第一层浇灌高度为150 mm,且不能超过石板高度的 1/3,隔夜再浇灌第二层。第一层灌浆很重要,因为要锚固石材板的下口铜丝又要固定石板,所以要谨慎操作,防止碰撞和猛灌。如发生石材板外移错动,应立即拆除重新安装。

十、擦缝、清洁

全部石板安装完毕后,清除所有石膏和余浆痕迹,用麻布擦洗干净,并按石材板颜色调制色浆嵌缝,边嵌边擦干净,使缝隙密实、均匀、干净且颜色一致。

第二节　饰面砖粘贴施工

一、室外贴饰面砖施工

1. 面砖粘贴

(1)工艺流程。

| 饰面砖工程深化设计 |→| 基层处理 |→| 吊垂直、套方、找规矩、贴灰饼 |→| 打底灰抹找平层 |→

排砖、分格、弹线 → 浸砖 → 粘贴饰面砖 → 勾缝 → 表面清理

(2)饰面砖工程深化设计。

1)饰面砖粘贴前,应首先对设计未明确的细部节点进行辅助深化设计,确定饰面砖排列方式、缝宽、缝深、勾缝形式及颜色以及防水及排水构造、基层处理方法等施工要点,并按不同基层做出样板墙或样板件。

2)确定找平层、结合层、黏结层、勾缝及擦缝材料、调色矿物辅料等的施工配合比,做黏结强度试验,经建设、设计、监理各方认可后以书面的形式确定下来。

3)饰面砖的排列方式通常有对缝排列、错缝排列、菱形排列、尖头形排列等几种形式;勾缝通常有平缝、凹平缝、凹圆缝、倾斜缝、山形缝等几种形式。外墙饰面砖不得采用密缝,留缝宽度不应小于 5 mm;一般水平缝 10～15 mm,竖缝 6～10 mm,凹缝勾缝深度一般为 2～3 mm。

4)排砖原则定好后,现场实地测量基层结构尺寸,综合考虑找平层及粘接层的厚度,进行排砖设计,条件具备时应采用计算机辅助计算和制图。排砖时宜满足以下要求。

阳角、窗口、大墙面、通高的柱垛等主要部位都要排整砖,非整砖要放在不明显处,且不宜小于 1/2 整砖。

墙面阴阳角处最好采用异型角砖,如不采用异型砖,宜留缝或将阳角两侧砖边磨成 45°角后对接。

横缝要与窗台齐平。

墙体变形缝处,面砖宜从缝两侧分别排列,留出变形缝。

外墙饰面砖粘贴应设置伸缩缝,竖向伸缩缝宜设置在洞口两侧或与墙边、柱边对应的部位,横向伸缩缝可设置在洞口上下或与楼层对应处,伸缩缝应采用柔性防水材料嵌缝。

对于女儿墙、窗台、檐口、腰线等水平阳角处,顶面砖应压盖立面砖,立面底皮砖应封盖底平面面砖,可下突 3～5 mm 兼作滴水线,底平面面砖向内适当翘起以便于滴水。

(3)基层处理。

1)建筑结构墙柱体基层,应有足够的强度、刚度和稳定性,基层表面应无疏松层,无灰浆、浮土和污垢,如有应清扫干净。抹灰打底前应对基层进行处理,不同基层的处理方法要采取不同的方法。

2)对于混凝土基层,多采用水泥细砂浆掺界面剂进行"毛化"处理,凿毛或涂刷界面处理剂,以利于基层与底灰的结合及饰面板的黏结。即先将表面灰浆、尘土、污垢油污清刷干净,表面晾干。混凝土表面凸出的部位应剔平,然后浇水湿润,墙柱体浇水的渗水深度以 8～10 mm 为宜,可剔凿混凝土表面进行抽查确认。然后用 1∶1 水泥砂浆内掺界面剂,喷或甩到墙上,其甩点要均匀,毛刺长度不宜大于 8 mm,终凝后喷水养护,直至水泥砂浆毛刺有较高的强度为止(用手掰不动)。如混凝土基层不需抹灰时,对于缺棱掉角和凹凸不平处可先刷掺界面剂的水泥浆,后用1∶3 水泥砂浆或水泥腻子修补平整。

3)加气混凝土、混凝土空心砌块等基层,要在清理、修补、涂刷聚合物水泥后铺钉一层金属网,以增加基层与找平层及黏结层之间的附着力。不同材质墙面的交接处或后塞的洞口处均应铺钉金属网防止开裂,缝两侧搭接长度不小于 100 mm。

4)砖墙基层,要将墙面残余砂浆清理干净。

5)基层清理后应浇水湿润,但粘贴前基层含水率以 15%～25% 为宜。

(4)施工放线、吊垂直、套方、找规矩、贴灰饼在建筑物大角、门窗口边、通天柱及垛子处用经纬仪打垂直线,并将其作为竖向控制线;把楼层水平线引到外墙作为横向控制线。以墙面修

补抹灰最少为原则,根据面砖的规格尺寸分层设点、做灰饼,间距不宜超过 1.5 m,阴阳角处要双面找直,同时要注意找好女儿墙顶、窗台、檐口、腰线、雨棚等饰面的流水坡度和滴水线。

(5)打底灰、抹找平层。抹底灰前,先将基层表面润湿,刷界面剂或素水泥浆一道,随刷随打底,然后分层抹找平层。找平层采用重量比 1∶3 或 1∶2.5 水泥砂浆,为了改善砂浆的和易性可适当掺外加剂。抹底灰时应用力抹,让砂浆挤入基层缝隙中使其黏结牢固。找平层的每层抹灰厚度约 12 mm,分层抹灰直到粘贴面层,表面用木抹子搓平,终凝后浇水养护。找平层总厚度宜为 15~25 mm,如抹灰层局部厚度大于或等于 35 mm 时应加设加强网。表面平整度最大允许偏差为 ±3 mm,立面垂直度最大允许偏差为 ±4 mm。

(6)排砖、分格、弹线。找平层养护至六、七成干时,可按照排砖深化设计图及施工样板在其上分段分格弹出控制线并做好标记。如现场情况与排砖设计不符,则可酌情进行微调。外墙面砖粘贴时每面除弹纵横线外,每条纵线宜挂铅线,铅线略高于面砖 1 mm;贴砖时,砖里边线对准弹线,外侧边线对准铅线,四周全部对线后,再将砖压实固定。

(7)浸砖。将已挑选好的饰面砖放入净水中浸泡 2 h 以上,并清洗干净,取出并晾干表面水分后方可使用(通体面砖不采用浸泡)。

(8)粘贴饰面砖。外墙饰面砖宜分段由上至下施工,每段内应由下向上粘贴。粘贴时饰面砖黏结层厚度一般为:1∶2 水泥砂浆 4~8 mm 厚;1∶1 水泥砂浆 3~4 mm 厚;其他化学黏合剂 2~3 mm 厚。面砖卧灰应饱满,以免形成渗水通道,并在受冻后造成外墙饰面砖空鼓开裂。

先固定好靠尺板,贴最下第一皮砖,面砖贴上后用灰铲柄轻轻敲击砖面使之附线,轻敲表面固定;用开刀调整竖缝,用小杠尺通过标准点调整平弊度和垂直度,用靠尺随时找平、找方;在黏结层初凝前,可调整面砖的位置和接缝宽度,初凝后严禁振动或移动面砖。

砖缝宽度可用自制米厘条控制,如符合模数也可采用标准成品缝卡。

墙面突出的卡件、水管或线盒处,宜采用整砖套割后套贴,套割缝口要小,圆孔宜采用专用开孔器来处理,不得采用非整砖拼凑镶贴。

粘贴施工时,当室外气温大于 35℃,应采取遮阳措施。

(9)勾缝。黏结层终凝后,可按样板墙确定的勾缝形式、勾缝材料及颜色进行勾缝,勾缝材料的配合比及掺矿物辅料的比例要指定专人负责控制。勾缝要根据缝的形式使用专用工具;勾缝宜先钩水平缝再钩竖缝,纵横交叉处要过渡自然,不能有明显痕迹。缝要在一个水平面上,连续、平直、深浅一致、表面压光。采用成品勾缝材料的应按产品说明书操作。

(10)清理表面。勾缝时,应随勾随用棉纱蘸清水擦净砖面。勾缝后,常温下经过 3d 即可清洗残留在砖面的污垢。

2. 锦砖粘贴

(1)工艺流程。

锦砖深化设计 → 基层处理 → 抹找平层 → 刷结合层 → 排砖、分格、弹线 → 粘贴锦砖 →
揭纸、调缝 → 表面清理

(2)锦砖粘贴时,抹找平层、刷结合层、排砖、分格、弹线、清理表面等工艺应符合面砖粘贴的相关要求。

(3)粘贴锦砖应符合下列要求:

1)将锦砖背面的缝隙中刮满黏结材料后,再刮一层厚度为 2~5 mm 的黏结材料;

2)从下口粘贴线向上粘贴锦砖,并压实拍平;

3)应在黏结材料初凝前,将锦砖纸板刷水润透,并轻轻揭去纸板。应及时修补表面缺陷,调整缝隙,并用黏结材料将未填实的缝隙嵌实。

二、内墙贴饰面砖施工

1. 工艺流程

基层处理 → 吊垂直、套方找规矩、贴灰饼 → 打底灰抹找平层 → 排砖 → 分格弹线 → 浸砖 → 粘贴饰面砖 → 勾缝与擦缝 → 表面清理

2. 基层处理

参见本节"一、室外贴饰面砖施工"的要求。

3. 吊垂直、套方、找规矩、贴灰饼

根据水平基准线,分别在门口、拐角等处吊垂直、套方、贴灰饼。根据面砖的规格尺寸分层设点、做灰饼,间距不宜超过 1.5 m,阴阳角处要双面找直。

4. 打底灰抹找平层

(1)洒水湿润。抹底灰前,先将基层表面分遍浇水。特别是加气混凝土吸水速度先快后慢,吸水量大而延续时间长,故应增加浇水的次数,使抹灰层有良好的凝结硬化条件,不致在砂浆的硬化过程中水分被加气混凝土吸走。浇水量以水分渗入加气混凝土墙深度 8～10 mm 为宜,且浇水宜在抹灰前一天进行。遇风干天气,抹灰时墙面如干燥不湿,应再喷洒一遍水,但抹灰时墙面应不显浮水,以利砂浆强度增长,不出现空鼓、裂缝。

(2)抹底层砂浆。基层为混凝土、砖墙墙面,浇水充分湿润墙面后的第二天抹 1：3 水泥砂浆,每遍厚度 5～7 mm,应分层分遍与灰饼齐平,并用大杠刮平找直,木抹子搓毛。基层为加气混凝土墙体,在刷好聚合物水泥浆以后应及时抹灰,不得在水泥浆风干后再抹灰,否则,容易形成隔离层,不利于砂浆与基层的黏结。抹灰时不要将灰饼破坏。底灰材料应选择与加气混凝土材料相适应的混合砂浆,如水泥：石灰膏(粉煤灰)：砂＝1：0.5：5～6,厚度 5 mm,扫毛或划出纹线。然后用 1：3 水泥砂浆(厚度约为 5～8 mm)抹第二遍,用大杠将抹灰面刮平,表面压光。用吊线板检查,要求垂直平整,阴角方正,顶板(梁)与墙面交角顺直,管后阴角顺直、平整、洁净。

(3)加强措施。如抹灰层局部厚度大于或等于 35 mm 时,应按照设计要求采用加强网进行加强处理,以保证抹灰层与基体黏结牢固。不同材料墙体相交接部位的抹灰,应采用加强网进行防开裂处理,加强网与两侧墙体的搭接宽度不应小于 100 mm。

(4)当作业环境过于干燥且工程质量要求较高时,加气混凝土墙面抹灰后可采用防裂剂。底子灰抹完后,应立即用喷雾器将防裂剂直接喷洒在底子灰上,防裂剂以雾状喷出,以使喷洒均匀、不漏喷、不宜过量和过于集中,操作时喷嘴倾斜向上仰,与墙面保持距离,以确保喷洒均匀适度,又不致将灰层冲坏。防裂剂喷洒 2～3 h 内不要搓动,以免破坏防裂层表层。

5. 弹线、排砖

找平层养护至六、七成干时,可按照排砖或样板墙的设计要求,在墙上分段、分格弹出控制线并做好标记。根据设计图纸或排砖设计进行横竖向排砖,阳角和门窗洞口边宜排整砖,非整砖应排在次要部位,且横竖均不得有小于 1/2 的非整砖。非整砖行应排在次要部位,如门窗上或阴角不明显处等。但要注意整个墙面的一致和对称。如遇有突出的管线设备卡件,应用整砖套割吻合,不得用非整砖随意拼凑镶贴。

用碎饰面砖贴标准点,用做灰饼的混合砂浆贴在墙面上,用以控制贴饰面砖的表面平整度。垫底尺准确计算最下一皮砖下口标高,以此为依据放好底尺,要水平、安稳。

6. 浸砖

将已挑选出的颜色、尺寸一致的(变形、缺棱掉角的砖挑出不用)好的饰面砖放入净水中浸泡 2 h 以上,并清洗干净,取出并晾干表面水分后方可使用(通体面砖不采用浸泡)。

7. 粘贴饰面砖

内墙饰面砖应由下向上粘贴。粘贴时饰面砖黏结层厚度一般为:1∶2 水泥砂浆 4～8 mm厚;1∶1 水泥砂浆 3～4 mm 厚;其他化学胶粘剂 2～3 mm 厚。面砖卧灰应饱满。

先固定好靠尺板,贴最下第一皮砖,面砖贴上后用灰铲柄轻轻敲击砖面使之附线,轻敲表面固定;用开刀调整竖缝,用小杠尺通过标准点调整平整度和垂直度,用靠尺随时找平、找方;在黏结层初凝前,可调整面砖的位置和接缝宽度,初凝后严禁振动或移动面砖。

砖缝宽度应按设计要求,可用自制米厘条控制,如符合模数也可采用标准成品缝卡。

墙面突出的卡件、水管或线盒处,宜采用整砖套割后套贴,套割缝口要小,圆孔宜采用专用开孔器来处理,不得采用非整砖拼凑镶贴。

8. 勾缝与擦缝

待饰面砖的黏结层终凝后,按设计要求或样板墙确定的勾缝形式、勾缝材料及颜色进行勾缝,也可用专用勾缝剂或白水泥擦缝。

9. 清理表面

勾缝时,应随勾缝随用布或棉纱擦净砖面。勾缝后,常温下经过 3 d 即可清洗残留在砖面的污垢,一般可用布或棉纱蘸清水擦洗清理。

第六章　村镇建筑涂饰工程

第一节　水性涂料涂饰施工

一、木料表面施涂清漆施工

1. 工艺流程

基层处理 → 润油粉 → 满刮腻子 → 刷油色 → 刷第一遍清漆(刷清漆 → 修补腻子 → 修色 → 磨砂纸) →
刷第二遍清漆 → 刷第三遍清漆

2. 基层处理

将木装饰表面的灰尘、油污、斑点、胶迹等用刮刀或碎玻璃片刮除干净。注意不要刮出毛刺,也不要刮破抹灰墙面。

用 1 号以上砂纸顺木纹打磨,先磨线角,后磨四口平面,直到光滑为止。

木料基层有小块活翘皮时,可用小刀撕掉。重皮的地方应用小钉子钉牢固,如重皮较大或有烤煳印疤,应由木工修补。

3. 润油粉

用棉丝蘸润油粉反复涂于木料表面,擦进木料棕眼内,而后用麻布或木丝擦净,线角应使用竹片除去余粉。注意墙面及五金上不得沾染油粉。

待油粉干后,用 1 号砂纸轻轻顺木纹打磨,先磨线角、裁口,后磨四口平面,直到光滑为止。注意保护棱角,不要将棕眼内油粉磨掉。

磨完后用潮布将磨下的粉末、灰尘擦净。

4. 满刮腻子

腻子的颜色要浅于样板 1～2 成,腻子的油性不可过大或过小,如油性大,刷时不易浸入木质内,如油性小,则易钻入木质内,这样刷的油色不易均匀,颜色不能一致。

用开刀或牛角板将腻子刮入钉孔、裂纹、棕眼内。

刮时要横抹竖起,如遇接缝或节疤较大时,应用开刀、牛角板将腻子挤入缝内,然后抹平。腻子一定要刮光,不留野腻子。

待腻子干透后,用 1 号砂纸轻轻顺木纹打磨,先磨线角、裁口,后磨四口平面,注意保护棱角,来回打磨至光滑为止。

磨完砂纸后用潮布将磨下的粉末擦净。

5. 刷油色

刷油色时,应从外至内、从左至右、从上至下进行,顺着木纹涂刷。刷门窗框时不得污染墙面,刷到接头处要轻飘,以达到颜色一致;因油色干燥较快,所以刷油色时动作应敏捷,务求无缕无节,横平竖直,刷油时刷子要轻飘,避免出刷绺。

刷木窗时,刷好框子上部后再刷亮子;亮子全部刷完后,用梃钩钩住,再刷窗扇;如为双扇窗,应先刷左扇后刷右扇;三扇窗最后刷中间扇;纱窗扇先刷外面后刷里面。

刷木门时,先刷亮子后刷门框、门扇背面,刷完后用木楔将门扇固定,最后刷门扇正面;全部刷好后,检查是否有漏刷,小五金上沾染的油色要及时擦净。

油色涂刷后,要求木材色泽一致,而又不盖住木纹,所以每一个刷面一定要一次刷好,不留接头,两个刷面交接棱口不要互相沾染,沾油处要及时擦掉,达到颜色一致。

6. 刷第一遍清漆

(1)刷清漆。清漆的刷法与刷油色相同,但刷第一遍用的清漆应略加一些稀料便于快干。因清漆黏性较大,最好使用已用出刷口的旧刷子,刷时要注意不流、不坠,涂刷均匀。

待清漆完全干透后,用1号砂纸或旧砂纸彻底打磨一遍,将头遍清漆面上的光亮基本打磨掉,再用潮布将粉尘擦净。

(2)修补腻子。一般要求刷油色后不抹腻子,特殊情况下,可以使用油性略大的带色石膏腻子,修补残缺不全之处。操作时必须使用牛角板刮,不得损伤漆膜,腻子要收刮干净,光滑无腻子疤(有腻子疤必须点漆片处理)。

(3)修色。木料表面上的黑斑、节疤、腻子疤和材色不一致处,应用漆片、酒精加色调配(颜色同样板颜色),或用由浅到深的清漆调和漆和稀释剂调配,进行修色;材色深的应修浅,浅的提深,将深浅色的木料拼成一色,并绘出木纹。

(4)磨砂纸。使用细砂纸轻轻往返打磨,然后用潮布擦净粉末。

7. 刷第二遍清漆

刷此遍清漆应使用原桶清漆不加稀释剂(冬季刷漆时可略加催干剂),刷油操作同前,但刷油动作要敏捷,要多刷多理,使清漆涂刷得饱满一致,不流不坠,光亮均匀,刷完之后再仔细检查一遍,有毛病要及时纠正。

刷此遍清漆时,周围环境一定要整洁,宜暂时禁止通行,此遍油漆刷完后将木门窗用梃钩钩住或用木楔固定牢固。

8. 刷第三遍清漆

待第二遍清漆干透后,首先要进行磨光,然后用潮布擦净,最后刷第三遍清漆,刷法同前。

9. 冬期施工

室内油漆工程,应在采暖条件下进行,室温保持均衡,不得突然变化,一般油漆施工的环境湿度不宜低于+10℃,相对湿度不宜高于60%。

应设专人负责测温和开关门窗,以利通风排除湿气。

二、木料表面施涂清漆磨退施工

1. 工艺流程

基层处理 → 润油粉 → 满刮色腻子 → 磨砂纸 → 刷第一道醇酸清漆 → 点漆片修色 →
刷第二道醇酸清漆 → 刷第三道醇酸清漆 → 刷第四道醇酸清漆 → 刷第一道丙烯酸清漆 →
刷第二道丙烯酸清漆 → 打砂蜡 → 擦上光蜡

2. 基层处理

先清除木料表面的尘土和油污,如木料表面沾污机油,可用汽油或稀料将油污擦洗干净。清除尘土、油污后用砂纸打磨,大面可用砂纸包5cm见方的短木垫着磨,要求磨平、磨光并清擦干净。

3. 润油粉

油粉调得不可太稀,以调成粥状为宜。润油粉刷、擦均可,擦时用麻绳断成 30～40 cm 左右长的麻头来回揉擦,包括边、角等都要擦润到并擦净。线角用牛角板刮净。

4. 满刮色腻子

色腻子要满刮到、收净,不应漏刮。

5. 磨砂纸

待腻子干透后,用 1 号砂纸打磨平整,磨后用干布擦抹干净。再用同样的色腻子满刮第二道,要求和刮头道腻子相同。刮后用同样的色腻子将钉眼和缺棱掉角处补抹腻子,要抹得饱满平整。干后用砂纸打磨平整,做到木纹清,不得磨破棱角,磨完后清扫并用湿布擦净、晾干。

6. 刷第一道醇酸清漆

涂刷时要横平竖直、薄厚均匀、不流坠、刷纹通顺,不许漏刷,干后用 1 号砂纸打磨,并用湿布擦净、晾干。以后每道漆的间隔时间,一般夏季约 6 h,春秋季约 12 h,冬季约为 24 h 左右,如果条件允许,时间稍长一点更好。

7. 点漆片修色

漆片用酒精溶解后,加入适量的矿物性颜料配制而成。对已刷过头道漆的腻子疤、钉眼等处进行修色,漆片加颜料要根据当时的颜色深浅灵活掌握,修好的与原来的颜色要基本一致。

8. 刷第二道醇酸清漆

先检查点漆片修色,如符合要求便可刷第二道清漆,待清漆干透后,用 1 号砂纸打磨,用湿布擦干净,再详细检查一次,如有漏抹的腻子和不平处,需要复补色腻子,干后局部磨平,并用湿布擦净。

9. 刷第三道醇酸清漆

待第二道醇酸清漆干后,用 280 号水砂纸打磨,磨好后擦净,其余操作方法同上。

10. 刷第四道醇酸清漆

刷后等 4～6 d 后用 280～320 号水砂纸打磨,磨后用湿布擦净。其操作方法同第三道。

11. 刷第一道丙烯酸清漆

(1)丙烯酸清漆分为甲乙两组,一号为甲组,二号为乙组,配合比为一号 40%,二号 60%(重量比),根据当时的气候加适量稀释剂。由于这种漆挥发较快,要用多少配制多少,最好按半天工作量计算。刷时要求动作快、刷纹通顺、厚薄均匀一致、不流不坠,不得漏刷。

(2)干后用 320 号水砂纸打磨,磨完后用湿布擦净。

12. 刷第二道丙烯酸清漆

待第一道刷后 4～6 h,可刷第二道丙烯酸清漆,刷的方法和要求同第一道。

刷后第二天用 320～380 号水砂纸打磨,磨砂纸用力要均匀,从有光磨至无光直至"断斑",不得磨破棱角,磨后擦抹干净。

13. 打砂蜡

首先将原砂蜡掺煤油调成粥状,用双层呢布头蘸砂蜡往返多次揉擦,力量要均匀,边角线都要揉擦,不可漏擦,棱角不要磨破,直到不见亮星为止。最后用干净棉丝蘸汽油将浮蜡擦净。

14. 擦上光蜡

用干净白布将上光蜡包在里面,收 1∶3 扎紧,用手揉擦,擦匀、擦净直至光亮为止。

15. 清漆磨退

如果木料表面做清漆磨退而不做丙烯酸清漆磨退,其操作工艺同上述2~10,再加擦清漆面,即在第四道醇酸清漆刷完干透后,进行理擦醇酸清漆(醇酸清漆加10%～15%的醇酸稀料),用白布(最好是豆包布)包棉花蘸清漆理擦5～6遍,这样使棕眼更加平整。在常温下干燥3～4 d后,用400号水砂纸磨去亮光的50%以上,俗称"断斑"。但要注意不得磨破末道漆面和线条、棱角等,磨后清理擦抹干净。接着按照上述操作工艺打砂蜡、擦上光蜡出亮即可成活。

16. 冬期施工

室内油漆工程应在采暖条件下进行,室温保持均衡,不宜低于+10℃,相对湿度不得大于60%,并且不得突然变化。

应设专人负责测温和开关门窗,以利通风排除湿气。

三、木料表面施涂聚氨酯清漆磨退施工

1. 工艺流程

基层处理 → 润水粉 → 磨砂纸、刷底油 → 磨砂纸、刮腻子、复补腻子 → 磨砂纸、刷第一遍聚氨酯清漆 → 磨砂纸、修色 → 刷第二至五遍聚氨酯清漆 → 砂纸磨光 → 刷第六遍聚氨酯清漆(罩面漆) → 砂纸磨光 → 刷第七、八遍聚氨酯清漆 → 磨退 → 打蜡 → 擦上光蜡

2. 基层处理

将木料表面的灰尘、污物清擦干净,如有油污可用汽油或酒精擦,用1.5号砂纸打磨木料表面,要顺木纹打磨,打磨棱角时要细心,不能磨成圆角。

3. 润水粉

水粉颜色应按照样板调配。擦水粉要顺木纹往返擦抹两次以上,棕眼要润满,擦抹时要用力均匀且快速、干净、不漏擦。

4. 磨砂纸、刷底油

待水粉干透后,用旧砂纸轻轻地打磨一遍,阴角的浮粉要剔掉,粉末灰尘要掸净。

施涂底油要均匀,宜薄不宜厚,不可漏刷,也不宜往返多刷以免带起水粉把木纹刷混。

5. 磨砂纸、刮腻子、复补腻子

待底油干透后,用1.5号木砂纸轻轻地顺木纹打磨掉面层的颗粒并掸干净。

刮石膏油腻子:石膏油腻子的重量配合比可按石膏粉∶热桐油∶水=20∶7∶50比例配比。用钢刮板或牛角板刮腻子1～2遍,要顺木纹来回的嵌披,把腻子披满披实,不得漏刮,腻子要收净,不留残余和披板印痕。每遍腻子干燥后都要用砂纸打磨平整和掸净。

复补石膏油腻子:待腻子干透后对局部还存在的小缺陷应复补石膏油腻子。

6. 磨砂纸、刷第一遍聚氨酯清漆

石膏油腻子干透后,用1号砂纸来回打磨,直至磨掉补腻子的圈疤。注意不能把腻子磨伤、磨穿,要保护好棱角。

施涂第一遍聚氨酯清漆:按生产厂家规定配合比调配均匀聚氨酯清漆,施涂时用排笔顺木纹刷,宜薄不宜厚,刷涂要均匀,不要漏刷或流坠。

7. 磨砂纸、修色

用1号砂纸顺木纹轻轻打磨,不能漏磨或磨伤。

修色可用水色或酒色,酒色配方为酒精、漆片、颜料。对面积较小的疤痕等一般用酒色;对面积较大的、颜色不一致的可用水色。水色比酒色干燥得快又方便操作,当认为颜色不合适时可用水擦掉后重新修色。

8. 刷第二至五遍聚氨酯清漆及交替打磨

施涂时应顺木纹方向并不可过厚,下一遍聚氨酯清漆应隔日刷,待其充分干透时颗粒飞刺翘起后打磨。

每遍刷漆后都要用 1 号或 1.5 号旧木砂纸打磨一遍,把涂膜上的细小颗粒磨掉并掸净才能施涂下一道聚氨酯清漆。

9. 砂纸磨光

第五遍聚氨酯清漆干燥后,用 280～320 号水砂纸打磨,打磨用力要均匀,要磨平、磨细,把大约 70% 的光磨倒,但注意棱角处不能磨白和磨穿。对面积较大的部位可用电动砂皮机打磨以提高效率。打磨后擦去浆水并用清水抹净。

10. 刷第六遍聚氨酯清漆(罩面漆)

涂刷前应将表面清洁,不能有灰尘,要求通风但要避免直接吹风,排笔和容器要干净。罩面聚氨酯清漆与上述清漆相同,但最好能用新开听的,配好后的聚氨酯清漆应待 15 min 后再使用,刷时要薄厚均匀,做到无刷纹、无颗粒和无气泡。

11. 聚氨酯清漆磨退工艺比上述普通聚氨酯清漆刷亮工艺增加以下工序

(1)磨光。与本节砂纸磨光的操作相同。

(2)刷第七、八遍聚氨酯清漆。涂刷操作工艺同上述,但要求第八遍漆涂刷是在第七遍漆膜还没有完全干透的情况下就接着涂刷,以利于漆膜的丰满和平整,并在磨退时不易被磨穿和磨透。

(3)磨退。最后两遍罩面漆干透后,用 400～500 号水砂纸蘸肥皂水打磨漆膜表面的光泽,磨时用力均匀,要求磨平、磨细,把光泽全部磨倒。

(4)打蜡。磨退后擦净并将擦抹的水渍晾干,用新的软棉纱蘸砂蜡顺木纹方向擦砂蜡,擦时用力重一点,要擦出亚光,但棱角不能多擦,以免发白。把多余的砂蜡收净后,再用抛光机抛光。

(5)擦上光蜡。抛光后用油蜡擦亮。

四、木地板施涂清漆打蜡施工

1. 工艺流程

地板面处理 → 磨砂纸 → 刷清油 → 嵌缝、披腻子 → 磨砂纸 → 复找腻子 →
刷第一遍油漆 → 磨光 → 刷第二遍油漆 → 磨光 → 刷第三遍交活油

2. 木地板刷调和漆

(1)地板面处理:首先将表面的尘土、污物清扫干净,并将其缝隙内的灰砂剔扫干净。

(2)磨砂纸:用 1.5 号木砂纸磨光,先磨踢脚板后磨地板面,均应顺木纹打磨,磨至以手摸不扎手为好,然后用 1 号砂纸加细磨平、磨光,并及时将磨下的粉尘清理干净,节疤处点漆片修饰。

(3)刷清油:这种油较稀,可使油渗透到木材内部,防止木材受潮变形及增加防腐作用,并且能使后道腻子、油漆等很好地与底层黏结。涂刷时应先刷踢脚板,后刷地面,刷地面时应从远离门口一方退着刷。一般的房间可两人并排退刷,大的房间可组织多人一起退刷,使其涂刷均匀不甩接槎。

(4)嵌缝、披腻子、磨砂纸、复找腻子:先配出一部分较硬的腻子,配合比为石膏粉:熟桐油:水＝20:7:50,其中水的掺量可根据腻子的软硬而定。用较硬的腻子来填嵌地板的拼缝,以及填嵌局部节疤及较大缺陷处,腻子干后,用1号砂纸磨平、扫净,再按照上述配合比拌成较稀的腻子,将地板面及踢脚满刮一道。一室可安排两人操作,先刮踢脚,后刮地板,从里向外退着刮,注意两人接槎的腻子收头不应过厚。腻子干后,经过检查如有坍陷之处,重新用腻子补平,等复找腻子干燥之后,用1号木砂纸磨平,然后将面层清擦干净。

(5)刷第一遍调和漆:应顺木纹涂刷,阴角处不应涂刷过厚,防止皱折。

(6)磨光:待油干后,用1号木砂纸轻轻地打磨光滑,达到磨光,又不将油皮磨穿为度。检查腻子有无缺陷,并复找腻子,此腻子应配色,其颜色应和所刷油漆颜色一致,干后磨平,并补刷油漆。

(7)刷第二遍调和漆:在第一遍漆干后,满磨砂纸、清净粉尘后,刷第二遍调和漆。

(8)刷第三遍调和交活漆:待第二遍调和漆干后,用木砂纸磨光,清净粉尘,刷第三遍调和交活漆。

3. 木地板刷清漆

(1)地板面处理。将地板面上的尘土及缝隙内的灰砂剔干净。

(2)磨砂纸。用1.5号木砂纸打磨,应先磨踢脚后磨地面,顺木纹反复打磨,磨至光滑,再换1号木砂纸加细磨平、磨光,然后将磨下的粉尘清扫干净。

(3)刷清油。在清油内根据样板的颜色要求加入适当的颜料,此清油比较稀。刷油时先刷踢脚,后刷地面。一般房间可采用两人同时操作,从远离门口的一边退着刷,注意两人接槎处刷油不可重叠过厚,要刷匀。

(4)嵌缝、披腻子、磨砂纸、复找腻子。

先配制一部分较硬的石膏腻子,其配合比为石膏粉:熟桐油＝20:7,水的用量根据实际所需腻子的软硬而增减。

用拌好的腻子嵌填裂缝、拼缝,并修补较大缺陷处,应补好塞实。

腻子干后,用1号砂纸磨平,并将粉尘清扫干净,再满刮一道腻子,腻子应根据样板颜色配兑。

先刮踢脚,注意踢脚上下口的腻子要收尽。然后刮地板,从里向外顺木纹刮,采用钢板刮板将腻子刮平,并及时将残余的腻子收尽。

披腻子应分两次进行。头遍应顺木纹满刮一遍,干后,检查有无塌陷不平处,再复找腻子补平,干后用1号木砂纸磨平,

清扫干净后,第二遍再满刮腻子一遍,要刮匀、刮平,干后用1号木砂纸磨光,并将粉尘打扫干净。

(5)刷油色。先刷踢脚,后刷地板。刷油要匀,接槎要错开,并且涂层不应过厚和重叠,要将油色用力刷开,使之颜色均匀。

(6)磨光及刷清漆交替共三遍。油色干后(一般为48 h),用1号木砂纸打磨,并将粉尘用布擦净,即可涂刷清漆。先刷踢脚后刷地板,漆膜要涂刷厚些,待其干燥后有较稳定的光亮时,用1号砂纸轻轻打磨刷痕,不能磨穿漆皮,将粉尘清扫干净后,刷第二遍清漆。依此法再涂刷第三遍交活漆,刷后,要做好成品的保护,防止漆膜损坏。

4. 木地板刷漆片、打蜡出光

(1)地板面处理。清理地板上的杂物,并扫净表面的尘土。

(2)磨砂纸。用1号或1.5号木砂纸包裹木方按在地板上打磨,使其平整光滑,打磨时应先磨踢脚后磨地面。

(3)润油粉。油粉配合比为大白粉:松香水:熟桐油=24:16:2,并按样板要求掺入适量颜料。油粉拌好后,用棉丝蘸上油粉在地板及踢脚上反复揉擦,将木板面上的棕眼全部填满、填实。干燥后用0号砂纸打磨,将刮痕、印痕打磨光滑,并且用干布将粉尘擦干净。

(4)刷漆片两遍。将漆片兑稀,根据需要掺加颜料,刷漆片两遍。干后修补腻子,其腻子颜色应与所刷漆片颜色相同,干后用1/2号木砂纸轻轻打磨,不应将漆膜磨穿。

(5)再刷漆片两遍。涂刷时动作要快,注意收头、拼缝处不能有明显的接槎和重叠现象。

(6)打蜡出光。用白色软布包光蜡,分别在踢脚和地板面上依次均匀地涂擦,要将蜡擦到擦匀且不应涂擦过厚,稍干后用干布反复涂擦使之出光。

5. 木地板刷聚氨酯清漆

(1)地板面处理。将板面及拼缝内的尘土清理干净。

(2)磨砂纸。用1.5号木砂纸包方木顺木纹打磨,先踢脚、后边角,最后磨大面,要磨光。对油污点可用碎玻璃刮净后再磨砂纸,并用笤帚打扫干净。

(3)润油粉。油粉配制为大白粉:松香水:熟桐=24:16:2,并且按样板要求的颜色掺入颜料拌和均匀,将油粉依次均匀地涂擦在踢脚和地板面上,将棕眼及木纹内擦严,并将多余的油粉清除干净。

另一种润水粉方法是:水粉的重量配合比为大白粉:纤维素:颜料:水=14:1:1:8,依上比例水粉拌匀,并依次均匀地反复涂擦木材表面,将木纹、棕眼擦平、擦严。

(4)刮腻子。用石膏及聚氨酯清漆配兑成石膏腻子,并根据样板颜色掺加颜料,将拌好的腻子嵌填于缝隙、麻坑、凹陷等不平处,应顺木纹刮平,并及时将野腻子收净,干后用1号砂纸打磨,如仍有坍陷处要复找腻子,干后重新磨平,然后将表面清擦干净。

(5)刷第一遍聚氨酯清漆。先刷踢脚后刷地板,并由里向外涂刷。人字、席纹木地板按一个方向涂刷;长条木地板应顺木纹方向涂刷。涂刷时应用力刷匀,不应漏刷。

腻子干燥后检查有无坍陷、凹坑,如有应复找腻子。随后用1号砂纸打磨,并用潮布将表面粉尘擦干净,如有大块腻子疤,可备油色或漆片加颜料用毛笔点修。

(6)刷第二遍聚氨酯清漆。待第一遍漆膜干后,用1/2号砂纸将刷纹补磨光滑,然后用潮布擦净晾干,即可涂刷第二遍聚氨酯清漆。

(7)刷第三遍聚氨酯清漆。方法同第二遍。

第二节　溶剂型涂料涂饰施工

一、混凝土及抹灰表面施涂乳胶漆施工

1. 工艺流程

基层处理 → 刷底漆 → 满刮腻子、打磨 → 弹分色线 → 刷第一遍乳胶漆 → 刷第二遍乳胶漆 →

刷第三遍乳胶漆

2. 基层处理

先将墙面等基层上的起皮、松动及鼓包等清除凿平,将残留在基层表面上的灰尘、污垢、溅抹和砂浆流痕等杂物清除扫净。

用腻子将墙面、门窗口角等磕碰破损处,麻面、风裂、接槎缝隙等分别找补好,干燥后用砂纸将凸出处磨平,将浮尘扫净。

3. 刷底漆

将耐碱封闭底漆用刷子顺序刷涂不得漏涂,也可采用喷涂或滚涂的方法。旧墙面在涂饰底漆前应清除疏松的旧装饰层。

4. 满刮腻子、打磨

刮腻子的遍数由基层或墙面的平整度来决定,一般情况为三遍。刮腻子的具体操作方法为:

(1)用胶皮刮板横向满刮,一刮板紧接着一刮板,接头不得留槎,每刮一刮板最后收头时,注意收得要干净利落。干燥后用 1 号砂纸磨,将浮腻子及斑迹磨平、磨光,再将墙面清扫干净。

(2)用胶皮刮板竖向满刮,所有材料和方法同第一遍腻子,干燥后用 1 号砂纸磨平并清扫干净。

(3)用胶皮刮板找补腻子,用钢片刮板满刮腻子,将墙面等基层刮平、刮光,干燥后用 0 号细砂纸磨平、磨光,注意不要漏磨或将腻子磨穿。

5. 弹色线、施涂第一遍乳胶漆

(1)刷乳胶漆前先弹好分色线。第一遍乳胶漆应稍稀,涂刷前应将涂料充分搅拌,并适当加水稀释,加水量应根据生产厂家要求而定。

(2)涂刷顺序是先刷顶板后刷墙面,墙面是先上后下。

(3)乳胶漆用排笔涂刷,使用新排笔时,将排笔上的浮毛和不牢固的毛理掉。

(4)涂层干燥后,复补腻子,并用 0 号细砂纸磨平、磨光,并清扫干净。

6. 施涂第二遍乳胶漆

第二遍乳胶漆应比第一遍稠,操作方法同第一遍。使用前应充分搅拌,当不很稠时,不宜加水稀释,以防透底。

涂层干燥后,复补腻子,用 0 号细砂纸磨平、磨光,并清理干净。

7. 施涂第三遍乳胶漆

操作要求同第二遍乳胶漆。由于乳胶漆膜干燥较快,应连续迅速操作,涂刷时从一头开始,逐渐涂刷向另一头,要注意上下顺刷,互相衔接,后一排紧接前一排笔,避免出现干燥后再处理接头。

二、混凝土及抹灰表面施涂复层涂料施工

1. 工艺流程

基层处理 → 满刮腻子、打磨 → 放涂封底涂料 → 施涂主层涂料 → 滚压 → 涂饰罩面材料

2. 基层处理

先将墙面等基层上的起皮、松动及鼓包等清除凿平,将残留在基层表面上的灰尘、污垢、溅抹和砂浆流痕等杂物清除扫净。

外墙用 1:3 的水泥砂浆或腻子将基层表面凹坑及掉角等缺陷修补好;干燥后用砂纸将凸出处磨平,基层含水率不得大于 10%。

3. 满刮腻子、打磨

刮腻子的遍数由基层或墙面的平整度来决定,一般情况为三遍。刮腻子的具体操作方法:

(1)用胶皮刮板横向满刮,一刮板紧接着一刮板,接头不得留槎,每刮一刮板最后收头时,要注意收的要干净利落。干燥后用 1 号砂纸磨,将浮腻子及斑迹磨平、磨光,再将墙面清扫干净。

(2)用胶皮刮板竖向满刮,所有材料和方法同第一遍腻子,干燥后用 1 号砂纸磨平并清扫干净。

(3)用胶皮刮板找补腻子,用钢片刮板满刮腻子,将墙面等基层刮平、刮光,干燥后用 0 号细砂纸磨平、磨光,注意不要漏磨或将腻子磨穿。

4. 施涂封底涂料

基层刮腻子后,经过干燥和砂纸打磨可涂饰封底涂料。不同的复层涂料,其封底涂料也不尽相同。封底涂料作用是增强腻子与主涂层的附着力,封闭基层水分,避免水对主层涂料及罩面层的影响。封底涂料的涂饰方法可采用喷、刷、滚三种方式,无论用什么涂饰方法都要涂均匀不得漏涂。

5. 施涂主层涂料

待封底涂料干燥后,可喷涂主层涂料。先将主层涂料混合均匀,检查其稠度是否合适,根据样板凹凸状斑点的大小和形状,通过加外加剂水溶液来调整其稠度。

涂饰时应由上而下,分段分片进行。分段分片的部位应选择在门、窗、拐角、水落管等易于遮盖处。

喷涂时空气压缩机的压力为 0.4~0.7 MPa 比较适当,压力过低喷点大或者成堆,压力过高喷点小。喷头应与墙面垂直,不能倾斜,距离为 30~40 cm,横竖方向各喷一遍。

喷点要有一定的密度和厚度。喷点的大小和形状受喷嘴孔径的影响,一般情况下,喷嘴的孔径大喷点就大,喷嘴孔径小喷点就小。无论什么样的喷点,其大小和疏密程度应均匀一致,且不得连成片状,喷点的覆盖面积以不小于 70% 为好。

6. 滚压

如果样板是平面凹凸状花纹,而不是半球面斑点花纹时,应使用橡胶平压辊蘸水或溶剂轻轻滚压,把半球面斑点压平,滚压后花纹宜凸出面 1~2 mm。滚压的时间和力度要掌握适当:滚压时间太早或用力过大容易把斑点压得过平,滚压时间过晚则不容易压平,而且容易把斑点压裂。若使用水泥为主的涂料时,应在滚压干燥 24 h 后开始浇水养护。

7. 涂饰罩面材料

主层涂料经过养护后(合成树脂乳液喷点 24 h,水泥料喷点 7 d),涂饰罩面材料,罩面材料一般涂饰两遍。罩面材料按组成成分可分为溶剂型和乳液型两种;按光泽可分为无光和有光两种。涂饰罩面材料可以采用喷涂或者涂刷两种方式,无论采用什么方式均不得有漏刷和流坠现象。涂饰时第一遍面漆可适当多加些稀料,施工速度要块;第二遍面漆可适当稠些,一般是 24 h 后滚涂。

三、木料表面施涂普通混色油漆施工

1. 工艺流程

基层处理 → 刷底漆 → 刷第一遍油漆 → 刷第二遍油漆 → 刷最后一遍油漆

2. 基层处理

将木装饰表面清扫干净、除油污、刮灰土等，注意不要刮出木毛，不要刮坏周边抹灰面层。

铲去木料的脂囊，将脂迹刮净，将流松香的节疤挖掉，木料上较大的缺损应用相同的木料贴胶镶嵌。

磨砂纸，先磨线角后磨四口平面，顺木纹打磨，有小活翘皮用小刀撕掉，有重皮的地方用小钉子钉牢固；点漆片，在木节疤和油迹处，用酒精漆片点刷。

3. 刷底漆

（1）刷底漆时，先从木饰面上部左边开始顺木纹涂刷，周边涂油不得碰到墙面和其他装饰面上，厚薄要均匀。

刷窗扇时，如两扇窗应先刷左扇后刷右扇；三扇窗应最后刷中间一扇。窗扇外面全部刷完后，用椽钩钩住不可关闭，然后再刷里面。

刷门时先刷亮子再刷门框，门扇的背面刷完后用木楔将门扇固定，最后刷门扇的正面。全部刷完后，检查一下有无遗漏，并注意里外门窗油漆分色是否正确，将小五金等处沾染的油漆擦净，此道工序亦可在框或扇安装前完成。

（2）抹腻子。石膏油腻子重量配合比为石膏粉：熟桐油：水＝20：7：50。待底漆干透后将钉孔、裂缝、节疤以及边棱残缺处，用石膏油腻子刮抹平整，腻子要横抹竖起，将腻子刮入钉孔或裂纹内。如接缝或裂纹较宽、孔洞较大时，可用开刀将腻子挤入缝洞内，使腻子嵌入后刮平、收净，表面的腻子要刮光，无野腻子、残渣。上下冒头、榫头等处均应抹到。

（3）磨砂纸。腻子干透后，用1号砂纸打磨，磨法与底层磨砂纸相同，注意不要磨穿油膜并保护好棱角，不留野腻子痕迹。磨完后应打扫干净，并用潮布将粉末擦净。

4. 刷第一遍油漆

（1）油漆的稠度以达到盖底、不流淌、不显刷痕为准。厚薄要均匀。一樘门或窗刷完后，应上下左右观察检查一下，有无漏刷、流坠、裹棱及透底，最后将窗扇打开钩上椽钩；木门扇下口要用木楔固定。

（2）抹腻子：第一遍油漆干透后，对于底腻子收缩或残缺处，再用石膏腻子刮抹一次，要求与做法同前。

（3）磨砂纸：等腻子干透后，用1号以下的砂纸打磨，要求与做法同前，磨好后用潮布将粉末擦净。

5. 刷第二遍油漆

同前。

6. 磨砂纸

用1号砂纸或旧细砂纸轻磨一遍。方法同前，不要把底漆磨穿，要保护好楞角。再用潮布将磨下的粉末擦净。使用新砂纸时，须将两张砂纸对磨，把粗大砂粒磨掉，防止磨砂纸时把油膜划破。

7. 刷最后一遍油漆

刷漆方法同前，但由于调和漆黏度较大，涂刷时要多刷多理，要注意刷油饱满，刷油动作要敏捷，不流不坠、光亮均匀、色泽一致。刷完油漆后要立即仔细检查一遍，如发现有毛病应及时修整。

8. 冬期施工

室内应在采暖条件下进行，室温保持均衡，一般油漆施工环境温度不宜低于＋10℃，相对湿度不宜大于60%，注意温度和湿度不得突然变化。

应设专人负责开关门窗,以利通风,排除湿气。

四、木料表面施涂混色磁漆磨退施工

1. 工艺流程(以醇酸磁漆为例)

基层处理 → 操底油(满刮石膏腻子→满刮第二腻子) → 刷第一道醇酸磁漆 → 刷第二道醇酸磁漆 →
刷第三道醇酸磁漆 → 刷第四道醇酸磁漆 → 打砂蜡 → 擦上光蜡

2. 基层处理

首先用开刀或碎玻璃片将木料表面的油污、灰浆等清理干净。然后磨一遍砂纸,要磨光、磨平,木毛槎要磨掉,阴阳角胶迹要清除,阴阳角要倒棱、磨圆,上下一致。

3. 操底油

(1)操底油。底油要涂刷均匀,不可漏刷。节疤处及小孔抹石膏腻子,拌和腻子时可加入适量醇酸磁漆。干燥后磨砂纸,将野腻子磨掉,清扫并用湿布擦净。

(2)满刮石膏腻子。调制腻子时要加适量醇酸磁漆,腻子要调得稍稀些,用刮腻子板满刮一遍,要刮光、刮平。干燥后用砂纸将野腻子打磨掉,清扫并用湿布擦净。

满刮第二道腻子,大面用钢片刮板刮,要平整光滑。小面处用开刀刮,阴角要直。腻子干透后,用零号纸磨平、磨光,然后清扫干净并用湿布擦净。

4. 刷第一道醇酸磁漆

头道漆可加入适量醇酸稀料调得稍稀,要注意涂刷横平竖直,不得漏刷和流坠,待漆干透后用砂纸打磨,清扫干净并用湿布擦净。如发现有不平之处,要及时复抹腻子,干燥后局部磨平、磨光,清扫干净并用湿布擦净,刷每道漆间隔时间应根据当时气温而定,一般夏季约 6 h,春秋季约 12 h,冬季约为 24 h 左右。

5. 刷第二道醇酸磁漆

刷这一道漆不加稀料,注意不得漏刷和流坠。干透后用木砂纸打磨,如表面痱子、疙瘩多,可用 280 号水砂纸磨。如局部有不光、不平处,应及时复补腻子,待腻子干透后磨砂纸,然后清扫洁净并用湿布擦净。

6. 刷第三道醇酸磁漆

刷法与要求同第二道,这一道可用 320 号水砂纸打磨,要注意不得磨破棱角,要达到平和光滑,磨好以后应清扫洁净并用湿布擦净。

7. 刷第四道醇酸磁漆

刷第四道漆的方法与要求同上。刷完 7 d 后应用 320~400 号水砂纸打磨,磨时用力要均匀,应将刷纹基本磨平,并注意棱角不要磨破,磨好后清扫洁净并用湿布擦净。

8. 打砂蜡

先将原砂蜡加入煤油化成粥状,然后用棉丝蘸上砂蜡,涂满一个面,用手按棉丝来回揉擦往返多次,揉擦时用力要均匀,擦至出现暗光、大小面上下一致为准(不得磨破棱角),最后用棉丝蘸汽油将浮蜡擦洗干净。

9. 擦上光蜡

用干净棉丝蘸上光蜡薄薄抹一层,注意要擦匀、擦净,达到光泽饱满为止。

10. 冬期施工

冬季室内油漆工程应在采暖条件下进行,一般应不低于 +10℃,相对湿度不得大于 60%,

应保持恒温、恒湿,不得突然变化。

应设专人负责测温和开关门窗,以利通风,排除湿气。

五、金属表面施涂混色油漆施工

1. 工艺流程

| 基层处理 | → | 刷防锈漆 | → | 刮腻子 | → | 刷第一遍油漆 | → | 刷第二遍油漆 | → | 刷最后一遍油漆 |

2. 基层处理

将金属表面上浮土、灰浆等打扫干净。

3. 刷防锈漆

已刷防锈漆但出现锈斑的金属表面,须用铲刀铲除底层防锈漆,再用钢丝刷和砂布等彻底打磨干净,补刷一道防锈漆,待防锈漆干透后,将金属表面的砂眼、凹坑、缺棱、拼缝等处,用腻子刮平整。

磨砂纸:待腻子干透后,用1号砂纸打磨,磨完砂纸后用潮布将表面上的粉末擦干净。

4. 刮腻子

用开刀或橡皮刮板在钢门窗或金属表面上满刮一遍腻子,要求刮得薄、收得干净、均匀平整无飞刺。等腻子干透后,用1号砂纸打磨,注意保护棱角,要求达到表面光滑、线角平直、整齐一致。

5. 刷第一遍油漆

(1)刷油时从框上部左边开始涂刷,要注意内外分色,厚薄要均匀一致,刷纹必须通顺,框子上半部刷好后再刷亮子,全部亮子刷完后,再刷框子下半部。刷窗扇时,如是两扇窗,应先刷左扇后刷右扇;三扇窗者,最后刷中间一扇。窗扇外面全部刷完后,用梃钩钩住再刷里面。

刷门时先刷亮子,再刷门框及门扇背面,刷完后用木楔将门扇下口固定,全部刷完后,应立即检查一下有无遗漏,分色是否正确,并将小五金等沾染的油漆擦干净。要重点检查线角和阴阳角处有无流坠、漏刷、裹棱、透底等毛病,应及时修整,达到色泽一致。

(2)抹腻子。待油漆干透后,对于底腻子收缩或残缺处,再用石膏腻子补抹一次,要求与做法同前。

(3)磨砂纸。待腻子干透后,用1号砂纸打磨,要求同前。磨好后用潮布将磨下的粉末擦净。

6. 刷第二道油漆

(1)刷油。同前。

(2)磨砂纸。磨砂纸应用1号砂纸或旧砂纸轻磨一遍,方法同前,但注意不要把底漆磨穿,要保护好棱角。砂纸打磨完后应打扫干净,用潮布将磨下的粉末擦干净。

7. 刷最后一遍油漆

刷油方法同前。但由于调和漆黏度较大,涂刷时要多刷、多理,刷油要饱满、不流不坠、光亮均匀、色泽一致。在玻璃油灰上刷油,应等油灰达到一定强度后方可进行,刷油动作要敏捷,刷子要轻,油要均匀,不损伤油灰表面的光滑度,八字见线。刷完油漆后,要立即仔细全面检查一遍,如发现有毛病,应当及时修整。最后用梃钩或木楔子将门窗扇打开固定好。

8. 高级混色油漆涂料工程做法

以上是金属表面施涂混色油漆涂料普通做法的工艺流程。高级混色油漆涂料工程,其做法与上述工艺基本相同,不同之处:需增加第二遍满刮腻子、磨光,增加第三遍涂料后用水砂纸磨光、湿布擦净,增加第四遍涂料。且从底油开始,宜采用喷漆的方法施涂。

9. 冬期施工

冬期施工室内油漆涂料工程,应在采暖条件下进行,室温保持均衡,一般油漆施工的环境湿度不宜低于+10℃,相对湿度为60%,不得突然变化。宜设专人负责测温和开关门窗,以利通风,排除湿气。

第三节 美术涂饰施工

一、工艺流程

基层处理 → 弹分格缝 → 施涂封底涂料 → 施涂美术涂料 → 修整、施涂面层涂料

二、基层处理

将混凝土或抹灰表面上的灰尘、污垢、溅沫、砂浆流痕等清除干净。

新建筑物基层涂饰前应涂刷抗碱封闭漆;旧墙面涂饰前应清除疏松的旧装修层并用界面剂处理。

将基层的缺棱掉角处用水泥砂浆或水泥混合砂浆修补好．表面麻坑及缝隙可用水泥乳胶腻子(108胶:水泥:水=1:5:1)填补齐平,并用同样配合比的腻子进行局部或满刮腻子。

待腻子干后用砂纸磨平。

三、弹分格缝

根据设计要求进行吊垂直、套方、找规矩、弹分格缝。此项工作必须严格按标高控制好,必须保证四周交圈。

外墙涂料工程分段进行时,应以分格缝、墙的阴角处或水落管等为分界线和施工缝,垂直分格缝则必须进行吊直,不能用尺量,缝格必须平直、光滑、粗细一致。

四、施涂封底涂料

在处理完毕的基层上涂刷底漆或水性涂料,待底层涂料干透后方可施工美术涂料,美术涂料施涂完毕,经过修整才能施涂面层涂料。基层刮腻子,施涂封底涂料、面层涂料时,均要使用与面层美术涂饰同类的配套材料。

五、施涂美术涂料、修整、施涂面层涂料

1. 套色涂饰

(1)制作漏花套板。套板可用硬纸板、丝绢、马口铁皮制作。

简单花样的套板可用硬纸板制作,先将准备使用的硬纸板的正反两面施涂两遍漆片或一遍清油,然后晾干压平备用。先按照设计要求把花纹图案复印在硬纸板上,经过镂空即制成简单的纸套板。

丝绢套板制作方法有多种,最简单的是在丝绢上刷稀胶,用漆片或清漆描出花纹图样,正反面都要描,干后再把胶水去掉,即成丝绢套板。

马口铁皮套板的制作方法同纸板制作。如果喷、刷彩色图案,则要根据图案色彩制作多色

套板,即不同的颜色制成不同的套板,并在套板上留2~3个小孔,以使不同的套板能固定在相同的位置,从而保证彩色图案经多次喷刷后,花纹图案依旧相吻合。

(2)底层涂料干透后喷花。

1)把根据设计制作的套板固定在需喷花的物面上,喷枪的气压一般控制为0.3~0.4 MPa,距离控制20~25 cm,喷涂时最好一枪盖过不重复。如果是多彩花纹图案,则要分几次喷涂,每次喷后待涂膜干燥,才能喷涂另一种色彩。

2)刷花是以刷代喷,效果没有喷花的好。

2. 滚花涂饰

可通过彩弹与滚花组合提高装饰效果(彩弹是通过弹力棒将不同色浆弹射到基层饰面上,形成彩色弹点);即经过彩弹并且压花纹之后,再做滚花工序。

滚花操作应从左到右、从上到下,滚停位置要保持在同一花纹点上。握滚平衡一滚到底。可先弹好垂直线作为基准再滚。为保持花纹和色泽一致,在同一视线范围宜由同一人操作。

弹滚前要遮盖好分界线。弹点时不宜弹得过厚,以免影响滚花的清晰。

操作完毕后,每种色料都要保留一些,以备修补之用。

3. 仿木纹涂饰

仿木纹的工序是先在基层面上涂刷浅色油漆(颜色与木材面色相同),待干燥后刷一道深木材色油漆,随即用钢耙子或钢齿刮出木纹,然后滚出棕眼一次成活。

干透后用1号砂纸轻轻打磨平整,掸净灰尘,刷罩面清漆两遍。

4. 仿石纹涂饰

基层处理完毕后刷涂(或喷涂)白色涂料,涂层要薄且均匀。应注意基层面的平整和光洁。

根据设计确定的仿石块尺寸,在白色涂层上画出底线仿拼缝。

在底层涂料基层上,刷一道延展性好与大理石样板主色调相似的调和漆。不等其干燥用灰色调和漆进行随意施涂后,即用油刷来回轻轻浮飘,刷成黑白纹理交错的仿石纹,颜色力求自然、和谐和逼真。

在仿石纹涂膜干透后画线,在原底线处画出宽窄相宜的石块拼缝。

干透后用400号水砂纸打磨,掸净灰尘,刷涂罩面清漆。

第七章 村镇建筑裱糊与软包工程

第一节 裱糊工程施工

一、工艺流程

操作顺序总原则是先裱糊顶棚后裱糊墙面。

基层处理 → 吊直、套方、找规矩、弹线 → 计算用料、裁纸 → 粘贴壁纸 → 修整壁纸

二、基层处理

1. 混凝土和抹灰基层处理

清理混凝土(或抹灰)基层表面并满刮腻子,先将混凝土表面的灰渣、浆点、污物等清刮干净,并用笤帚将粉尘扫净,然后满刮石膏乳胶腻子一道。

石膏乳胶腻子的体积配合比为108胶:石膏:羟甲纤维素=1:5:3.5。腻子干后用砂纸打磨,满刮第二遍腻子,待腻子干后用砂纸磨平、磨光。处理好的基层应是平整光滑、阴阳角顺直。

2. 木夹板基层处理

木夹板基层主要采用钉接方式,往往钉接处下凹,非钉接处外凸,所以木夹板基层第一遍满刮腻子主要是大面找平,这遍腻子使用油性腻子(配合比为石膏:熟桐油:酚醛清漆=10:1:2),应先补平钉眼然后大面积找平。

第二遍可用石膏乳胶腻子找平适当减薄,达到五六成干时用塑料刮板压光,最后用干净布轻轻将表面的灰粉擦净。

对于贴金属壁纸的木质基层平整度要求很高,刮腻子遍数起码三遍以上,最后一遍刮完后用软布细心擦净。

3. 纸面石膏板基层处理

一般石膏板表面比较平整,刮腻子时先将接缝处的钉孔用防锈漆逐一刷填,再将板缝刮腻子(宜选用弹性好的腻子),上面用接缝带粘贴,然后再普遍满刮腻子。一般纸面石膏板表面应先满刮一遍找平腻子,然后再刮一遍修整找平。

4. 不同基层相接处的处理

不同基层材料相接处,如木夹板与石膏板、木夹板与混凝土及抹灰、石膏板与混凝土及抹灰等接缝处,应使用接缝带(穿孔纸带或丝绸条、棉纸带等)粘贴,以防止接缝开裂。

5. 涂刷防潮底漆和底胶

为防止受潮脱胶,一般要对裱糊塑料壁纸、纸基塑料壁纸、金属壁纸、墙布的墙面涂刷或者喷防潮底漆(可按酚醛清漆:汽油=1:3),漆膜不宜过厚应均匀一致。

涂刷底胶的目的主要为增加黏结力。其配合比为 108 胶∶水∶甲基纤维素＝10∶10∶0.2。

无论是刷防潮底漆还是底胶，均应做到不能漏刷、漏喷，一遍成活。如果面层贴波音软片，其基层应做到干、光、硬，故完成以上常规基层处理后往往还要增加两遍打磨和两遍清漆。

三、吊直、套方、找规矩、弹线

1. 顶棚

首先应将顶棚的对称中心线通过吊直、套方、找规矩的办法弹出中心线，以便从中间向两边对称控制。墙顶交接处的处理原则：凡有挂镜线的按挂镜线弹线，没有挂镜线则按设计要求弹线。

2. 墙面

首先应将房间四角的阴阳角通过吊垂直、套方找规矩，并确定从哪个阴角开始按照壁纸的尺寸进行分块弹线控制（习惯做法是进门左阴角处开始铺贴第一张）。有挂镜线的按挂镜线弹线，没有挂镜线的按设计要求弹线控制。

3. 具体操作方法

首先按照壁纸的宽度找规矩，每个墙面贴第一条纸时都要弹线（此线距墙的阴角 15 cm）找垂直，裱糊时依照此基准线贴墙面第一条壁纸。在第一条壁纸应弹线位置的墙顶钉入一枚墙钉，依次钉吊粉垂线校核并弹出墙面的垂直基准线，基准线弹得越细越好。墙面凡有门窗口的部位增弹门窗口两边的垂直线。

四、计算用料、裁纸

(1)根据设计要求确定壁纸的粘贴方向，然后计算用料、裁纸。应按测量的基层实际尺寸，计算出所需要用量尺寸，并且每边留出 2～3 cm 为裁纸量。如采用塑料壁纸，应先在水槽内浸泡 2～3 min，拿出后抖去余水，将纸用湿毛巾擦净后叠好待用。

(2)裁纸一般在工作台上进行，无论是顶棚还是墙面，凡有图案的壁纸均要求对花，故裁纸时注意编好顺序号，并注意裁剪出适合于需贴部位（如一间房）的用量。

五、粘贴壁纸

1. 刷胶

一般纸基壁纸不用刷胶，但开始贴的两三块壁纸还要刷胶，其作用是软化纸基壁纸；而塑料壁纸的背面和粘贴部位的基层都应刷胶，胶涂刷要薄厚均匀，涂刷后 5～7 min 上墙，应注意按壁纸宽度刷约宽出 3 cm 为宜；金属壁纸粘贴使用专用胶粉。

2. 顶棚粘贴壁纸

顶棚粘贴壁纸时其第一条通常贴近主窗与墙面平行，如果房间的开间过短（小于 2 m），则可于垂直于墙面贴。

顶棚铺贴时一般从中间开始向两边铺贴。第一张一定要按弹好的线找直粘牢，注意纸两边各甩出 1～2 cm 不压死，以满足与第二张铺粘时的拼花压槎对缝的要求。然后依上述方法铺粘第二张。两张纸搭接 1～2 cm，用钢板尺比齐，两人将尺按紧，一人用壁纸刀裁切，随即将搭槎处两张纸条撕去,用刮板带胶将缝隙压实刮牢。接着将顶棚两端阴角处用钢板尺比齐、拉直,用刮板和辊子压实,最后用湿毛巾将接缝处辊压出的胶痕擦净。

3. 墙面粘贴壁纸

顶棚粘贴壁纸要先找垂直,然后对花纹拼缝,再用刮板抹压平整。先找垂直面再找水平面;先细部后大面;贴垂直面时先上后下,贴水平面时先高后低。

阳角处不允许甩槎拼缝;阴角处必须裁纸搭缝,不允许整张纸铺贴,避免产生空鼓与皱折。

两张纸搭接,用钢板尺比齐,两人将尺按紧,一人用壁纸刀裁切,随即将搭槎处两张纸条撕去,用刮板带胶将缝隙压实刮牢。分别在纸上及墙上刷胶,其刷胶宽度应相吻合,墙上刷胶一次不应过宽。糊纸时从墙的阴角开始铺贴第一条,按已画好的垂直线吊直,从上往下用手铺平,刮板刮实,并用小辊子将上、下阴角处压实。第一张粘好留 1~2 cm(应拐过阴角约 2 cm),然后粘铺第二张,依同法压平、压实,与第一张搭槎 1~2 cm,要自上而下对缝,拼花要端正,用刮板刮平,用钢板尺在第一、第二张搭槎处切割开,将纸边撕去,边槎处带胶压实,并及时将挤出的胶液用湿温毛巾擦净,然后用同法将接顶、接踢脚的边切割整齐,并带胶压实。墙面上遇有电门、插销盒时,应在其位置上破纸作为标记。

当墙面完成约 40 m² 或粘贴时间约 40~60 min 时,需安排一人,用滚轮从第一张壁纸开始滚压,直至将已完成的壁纸全部滚压一遍。滚压的时间应把握好,因为此时胶被壁纸和基层吸收得都好,又没有干,并且胶的黏性最大。

4. 特殊壁纸粘贴

(1)金属壁纸。金属壁纸的收缩量很小,粘贴时可采用对缝裱(或搭缝裱)。金属壁纸对缝时都有花纹拼缝的要求,应先从顶面开始对花纹拼缝,操作由两人配合,一人负责对花纹拼缝,另一人负责手托金属壁纸卷,慢慢展放。一边对缝一边用橡胶刮板刮平壁纸,由壁纸中部向两边压刮,用力要适中,刮板要放平,刮到看不见接缝、粘贴牢固为止。

(2)锦缎。锦缎柔软光滑极易变形,难以直接裱糊在木夹板基层上,故裱糊锦缎时应先在背面上浆贴一层宣纸,使其挺括以便裁剪和裱贴上墙。上浆用的浆液使用面粉、防虫涂剂和水配成,重量比可按 5:40:20,调配成稀薄的浆液。上浆时把锦缎正面朝下平铺在大而干的桌面(或木夹板)上,并且在两边压紧锦缎,用排刷蘸浆液均匀涂刷锦缎的背面,浆液不要过多,以润湿锦缎背面为准。另一张大桌面上平铺一张幅宽大于锦缎幅宽的宣纸,用水将其湿润备用。把上好浆液的锦缎从桌面抬起,并翻转使其有浆液的一面向下,粘贴到宣纸上,然后用塑料刮片从锦缎中间向四边刮压,以使粘贴均匀,待宣纸干后可取下已贴纸的锦缎使用。锦缎粘贴前要根据幅宽、花纹,进行裁剪、编号、粘贴、对号。

(3)波音软片。波音软片是一种自粘型饰面材料,因此当基层达到硬、干、光作业条件后,基层不必刷胶,粘贴时只要将波音软片的自粘底纸撕开一条口,按壁纸需粘贴的位置找准对好,先将撕开口的波音软片贴在上沿,然后一边撕底纸一边使用木块将波音软片慢慢粘贴到基面上。如果波音软片表面不平,可用电烫斗加热其表面进行修整,加热时应按中低档温度控制。

六、修整壁纸

壁纸粘贴完后,应检查是否有空鼓不实之处;接槎是否平顺,有无翘边;胶痕是否擦干净,有无小包;表面是否平整,对检查出的质量问题逐一修整。

第二节 软包工程施工

一、工艺流程

基层、底板处理 → 吊直、套方、找规矩、弹线 → 计算用料、套裁填充料、套裁面料 → 粘贴面料 →

安装预制装饰板 → 修理软包墙面

二、基层、底板处理

1. 埋木砖

在砖墙或混凝土墙中埋入木砖,间距 400~600 mm(视板面划分而定)。

2. 抹灰、做防潮层

墙面为抹灰基层或临近房间较潮湿时,做完木砖后必须对墙面进行防潮处理,可刷底子油做一毡二油防潮层;也可涂刷环保型防水涂料。如有填充层,此工序可简化。

3. 立墙筋

墙筋断面为(20~50) mm×(40~50) mm,用钉子钉入木砖中,并找平找直。

4. 铺钉底板

固定好墙筋后,即铺钉五夹板做基面板。

三、吊直、套方、找规矩、弹线

根据设计图纸要求,把该房间需要软包墙面的装饰尺寸、造型等通过吊直、套方、找规矩、弹线等工序,把实际设计的尺寸与造型落实到墙面上。

四、计算用料、套裁填充料、套裁面料

首先根据设计图纸的要求,确定软包墙面的具体做法(一般有直接铺贴法和预制镶嵌法两种)。按照设计要求进行用料计算和底材(填充料)及面料的套裁工作。要求底材(填充料)及面料必须横平竖直,不得歪斜,尺寸必须准确,且应做好定位标志,对号入座。要注意同一房间、同一图案与面料必须用同一卷材料和相同部位套裁面料(含填充料)。

五、粘贴面料

(1)如果采取直接铺贴法施工,应待墙面细木装修基本完成、边框油漆达到交活条件后,再粘贴内衬材料和面料。

粘贴内衬材料时,按弹好的线对内衬材料进行剪裁下料,将内衬材料直接粘贴在底板上。铺贴好的内衬材料表面必须平整,分缝必须顺直整齐。

面料在铺贴之前必须确定正反面、面料的纹理及纹理方向,在正常情况下,织物面料的经纬线应垂直和水平。用于同一场所的所有面料,纹理方向必须一致。

(2)如果采取预制铺贴镶嵌法,可预先进行内衬材料和面料粘贴固定。首先按照设计图纸和造型的要求先粘贴填充料(如泡沫、聚苯板等),按设计用料使用黏结用胶、钉子、木螺钉、电

化铝帽头钉、铜丝等,把填充垫层固定在预制铺贴镶嵌底板上。

粘贴面料时,把面料按照定位标志找好横竖坐标上下摆正,首先把上部用木条加钉子临时固定,然后把下端和两侧位置找好后,便可按设计要求粘贴面料。

(3)人造革和皮革饰面有成卷铺装和分块固定两种形式。成卷铺装需注意人造革卷材的幅面宽度应大于横向木筋的中距。

分块固定方法是:将人造革、皮革以及木夹板按设计要求的分块尺寸预先裁剪,然后一并固定于木筋上。安装时用五夹板压住人造革或皮革面层,压边 20～30 mm,用圆钉钉于木筋上,然后将人造革或皮革与木夹板之间填入衬垫材料并包覆固定。

(4)面料固定于木筋后,以电化铝帽头钉按分格固定;或者采用压条固定,压条可使用不锈钢条、铜条、木条。

六、安装预制装饰板

安装预制装饰板、贴脸装饰线、刷镶边油漆之前,应先根据设计选择和加工好贴脸或装饰边线,刷油漆,达到交活条件。安装时,首先要进行试拼,待达到设计要求的效果,并确认无误后,方可用钉、粘结合的方法将装饰板固定在墙面底板上。随后安装贴脸或装饰边线,最后修刷镶边油漆成活。

七、修理软包墙面

如软包墙面施工安排比较晚,其修理软包墙面工作比较简单;如果施工插入较早,由于为保护软包墙面防止污染,增加了成品保护膜,则竣工前对软包墙面的修整工作量比较大。

八、冬期施工

冬期施工应在采暖条件下进行,室内操作温度不应低于+5℃,应做好门窗封闭,并设专人负责测温、排湿、换气,严防寒气进入。

第八章 村镇建筑装饰细部工程

第一节 橱柜制作与安装施工

一、工艺流程

定位画线 → 框、架安装 → 壁柜隔板支固点安装 → 壁(吊)柜安装 → 五金安装

二、定位画线

抹灰前利用室内统一标高线,按设计施工图要求的壁柜、吊柜标高及上下口高度,并考虑抹灰厚度(或墙贴砖)的关系确定相应的位置。

三、框、架安装

(1)壁柜、吊柜的框和架应在室内抹灰(或贴墙砖)前进行安装,并按设计要求固定方法固定。

(2)吊柜的框、架与墙连接应用膨胀螺栓固定;与轻质隔墙联结时,应预先在隔墙内埋置镀锌螺栓。

(3)采用钢框时,需在安装固定框架的位置处预埋铁件,用来进行框架的焊接。在框架固定前应先校正、套方、吊直,核对标高、尺寸,位置准确无误后,进行固定。

四、壁柜隔板支固点安装

按施工图隔板标高位置及支固点的构造要求进行安装。木隔板的支固点一般是将支固点木条钉在墙体木砖上,混凝土隔板一般是铁件或设置角钢支架。

五、壁(吊)柜安装

按扇的规格尺寸,确定五金的型号和规格,对开扇的裁口方向,一般应以开启方向的右扇为盖口扇。

1. 检查柜口尺寸

柜口高度应量上口两端,柜口宽度应量两侧框之间上、中、下三点,并在扇的相应部位定点画线。

2. 框扇修刨

根据画线对框扇进行第一次修刨。使框扇间留缝合适,试装并画第二次修刨线,同时画出框、扇合页槽的位置,注意画线时避开上下冒头。

3. 合页安装

根据画定的合页位置,用扁铲凿出合页边线,即可剔合页槽。

4. 安装扇

安装时应将合页先压入扇的合页槽内,找正后拧好固定螺丝,修框上合页槽,固定时,框上每支合页先拧一个螺丝,然后关闭,检查框与扇的平整度,当无缺陷、符合要求后,再将全部螺丝装上拧紧。木螺钉应钉入全长 1/3,拧入2/3,如框、扇为黄花松或其他硬木时,合页安装应画线打眼,孔径为螺丝直径的 0.9,孔深为螺丝长的 2/3。

5. 安装对开扇

先将框扇尺寸量好,确定中间对口缝裁口深度,画线后进行刨槽,试装合适时,先装左扇,后装盖口扇。

六、五金安装

五金的品种、规格、数量按设计要求选用,安装时注意位置的选择,一般先安装样板,经确认后再大面积安装。

第二节 窗帘盒、窗台板和散热器罩制作与安装施工

一、窗帘盒制作与安装

1. 工艺流程

(1)预制窗帘盒安装。

定位与画线 → 预埋件检查与处理 → 核查加工品 → 安装窗帘盒 → 安装窗帘轨

(2)现场制作窗帘盒安装。

定位与画线 → 制作窗帘盒 → 安装木龙骨固定件 → 安装窗帘盒 → 加固窗帘盒

2. 预制窗帘盒安装

(1)定位与画线。安装窗帘盒、窗帘杆,应按设计图要求位置、标高进行中心定位,弹好找平线,找好与窗口,挂镜线的构造关系。

(2)预埋件检查和处理。画线后检查固定窗帘盒的预埋固定件的位置、规格、预埋方式是否能满足安装窗帘盒固定的要求,对于标高、平度、中心位置、出墙距离有误差的应采取措施进行处理。

(3)核查加工品。核查已进场的加工品,安装前应核对品种、规格、组装构造是否符合设计及安装要求。

(4)安装窗帘盒。先按平线确定标高,画好窗帘盒中线,安装时将窗帘盒中线对准窗口中线,窗帘盒的靠墙部位要贴严,固定方法按设计要求。如设计无要求时,一般在埋件上焊 35 mm×5 mm 扁铁支架(支架中距≤500),再用 2 个 $\phi6×35$ mm 圆头螺栓与窗帘盒上顶固定牢固。

(5)安装窗帘轨。窗帘轨有单轨、双轨或三轨道之分;明窗帘盒一般在盒上先安装轨道,如果是重窗帘时,轨道应该加机螺丝固定;暗窗帘盒应该后安装轨道,重窗帘轨道小角应该加密间距,木螺钉规格不小于 30 mm。轨道应保持在一条直线上。当窗宽大于1 200 mm时,窗帘轨应取中断开,断开处搣弯错开,搭接长度不小于 200 mm。

3. 现场制作窗帘盒安装

(1)定位画线。应按设计图要求进行中心定位,弹好找平线,找好构造关系。

(2)制作窗帘盒。根据设计尺寸进行裁板并组装窗帘盒。

(3)装木龙骨固定件。依据定位线在结构墙面用电锤打孔,间距 800 mm×1 200 mm,并下膨胀螺栓固定通长木龙骨,根据窗帘盒进深尺寸在楼板处固定吊杆,吊杆间距 1 000 mm 以内,吊杆下端连接扁钢或吊挂件。

(4)安装窗帘盒。窗帘盒靠墙一侧用木螺钉与木龙骨固定,顶面与扁钢或吊挂件用木螺钉固定。

(5)加固窗帘盒。用木龙骨或型钢加斜支撑加固。

二、窗台板安装

1. 工艺流程

定位与画线 → 检查预埋件 → 支架安装 → 窗台板安装

2. 定位与画线

根据设计要求的窗下框标高、位置,画窗台板的标高、位置线,同时核对暖气罩的高度,并弹暖气罩的位置线,为使同房间或连通窗台板的标高和纵横位置一致,安装时应统一抄平,使标高统一无差。

3. 检查预埋件

找位与画线后,检查窗台板、暖气罩安装位置的预埋件,是否符合设计与安装的连接构造要求,如有误差应进行修正。

4. 支架安装

构造上需要设窗台板支架的,安装前应核对固定支架的预埋件,确认标高、位置无误后,根据设计构造进行支架安装。

5. 窗台板安装

(1)木窗台板安装。

在窗下墙顶面木砖处,横向钉梯形断面木条(窗宽大于 1 m 时,中间应以间距 500 mm 左右加钉横向梯形木条),用以找平窗台板底线。窗台板宽度大于 150 mm 的,拼合板面底部横向应穿暗带。安装时应插入窗框下帽头的裁口,两端伸入窗口墙的尺寸应一致,保持水平,找正后用砸扁钉帽的钉子钉牢,钉帽冲入木窗台板面 2 mm。

(2)预制水泥窗台板、预制水磨石窗台板、大理石或磨光花岗石窗台板的安装。

按设计要求找好位置,进行预装,标高、位置、出墙尺寸符合要求,接缝平顺严密,固定件无误后,按其构造的固定方式正式固定安装。

(3)金属窗台板安装。按设计构造要求和供应方的产品说明,在核对标高、位置、固定件后,先进行预装,经检查无误,再正式安装固定。

第三节 门窗套制作与施工

一、工艺流程

检查安装部位条件 → 定位放线 → 骨架安装固定 → 配料与预装 → 面板安装固定

二、检查安装部位条件

安装前检查应具备的条件,检查门窗预留洞口尺寸是否符合设计要求。木制门窗套预埋木砖数量、间距是否符合钉龙骨要求,石板材安装部位是否已预埋固定件。

三、定位放线

根据设计要求,找好标高,在门窗套与墙面交接处弹立线。用大线坠从上到下找出垂直,考虑龙骨及板材厚度(石板材要考虑灌注砂浆的空隙)以确定木板面(或石材板或金属板面)外皮定位线,然后弹板块线。

四、骨架安装固定

(1)木门窗套安装前在基体满刷防潮层(或钉卷材)。根据面板宽度确定龙骨的间距。可将一侧门窗套分三片预制,洞顶一片,两侧各一片,每片一般两根立杆,如筒子板宽度大于500 mm时,中间再加1根立杆。龙骨横向间距不大于400 mm(板宽大于500 mm时,横向龙骨间距不大于300 mm)。所有龙骨必须与木砖钉牢固,表面要刨平(钉装前要刷防腐、防火涂料),安装后必须平、正、直。

(2)石板材门窗套固定安装方法有湿贴法和干挂法。

1)湿贴法板块安装是在墙体上预埋拍钢筋,再绑钢筋网,安装板块时用铜丝通过板块安装孔与钢筋绑扎牢固。

2)干挂法板块安装是预先在墙上固定钢龙骨,通过不锈钢连接件与板块连接(或直接在混凝土墙面上固定安装不锈钢连接件再与板块连接)。

五、配料与预装

1. 木门窗套

面板材料全部进场后,先进行选材配纹,按同房间临近部位的用量进行挑选,使安装后从观感上木纹、颜色近似一致。然后进行裁板配制,按龙骨排尺,在板上画线裁板,原木材板面应刨净,胶合板、贴面板的板面严禁刨面,小面均须刮直。面板长向对接配制时,接头应位于横龙骨处。原木材的面板背面应做卸力槽,一般卸力槽间距为100 mm,槽宽10 mm,槽深4~6 mm,以防面板扭曲变形。

2. 石板材门套

板材进场后(如果是大理石板材,需进行挑选配纹,使安装后板材上下纹理呼应),根据门窗套洞口尺寸进行配制,标好最底层第一行石板材水平基准后,进行试拼、排板、编号,按顺序码好后,对每板块进行钻孔、剔槽。操作工艺参见石材饰面板安装工艺标准。

六、面板安装固定

1. 木制门窗套面板安装

安装前对龙骨位置、平直度、钉设牢固情况、防潮构造要求等进行检查,合格后进行安装。

面板配好后进行试装,面板尺寸、接缝、接头处构造、木纹方向、颜色观感均符合要求后,才能进行正式安装。

面板接头处应涂胶与龙骨钉牢,钉固面板的钉子规格应适宜,钉长约为面板厚度的2~2.5倍,钉距一般为100 mm,钉冒应砸扁,并用尖冲子将钉冒顺木纹方向冲入表面下1~2 mm。有条件时最好用气钉钉固。

2. 石板材湿贴法和干挂法安装工艺

石板材湿贴法和干挂法安装详见石材饰面板安装工艺标准。

第四节 护栏和扶手的制作与施工

一、工艺流程

1. 扶手的制作与安装

找位与画线 → 弯头位置 → 连接预装 → 固定 → 整修

2. 护栏制作与安装

查验预埋件 → 定位找标高 → 护栏(栏板)安装

二、扶手的制作与安装

1. 找位与画线

在已安好的栏杆长度两端头量好标高画好标记,然后拉线找出扶手位置、标高、坡度,校正后弹出扶手纵向中心线。按设计扶手构造,根据弯折位置、角度,画出折弯或割角线。在楼梯栏杆顶面,画出扶手直线段与弯、折弯段的起点和终点的位置。

2. 弯头配置

按栏板或栏杆顶面的斜度,配好起步弯头,一般木扶手,可用扶手料割配弯头。采用割角对缝粘接,在断块割配区段内,最少要考虑用三个螺钉与支撑固定件连接固定。大于 70 mm 断面的扶手接头配置时,除粘接外,还应在下面作暗榫或用铁件结合。

金属弯头在楼梯休息平台处,弯折角度要合理,造型要美观。

3. 连接预装

扶手须经预装,预装扶手由下往上进行,先预装起步弯头及连接第一跑扶手的折弯弯头,再配上折弯之间的直线扶手料,进行分段预装黏结,黏结时,操作环境温度不得低于 5℃。

4. 固定

分段预装检查无误,进行扶手与栏杆(栏板)的固定,木扶手用木螺钉拧紧固定,间距控制在 400 mm 以内,操作时,应在固定点处先将扶手料钻孔,再将木螺钉拧入。

金属钢管扶手与钢立柱栏杆连接处应电焊焊接,焊缝要满焊牢固。

5. 整修

木扶手折弯处如有不平顺,应用细木锉锉平,找顺磨光,使其折角线清晰,破角合适,弯曲自然,断面一致,最后用木砂纸打光。

金属扶手与栏杆各连接点焊接要均匀,并经锉平、磨光。油漆前要彻底除锈。

塑料扶手安装时,先使材料加热变软后再安到支承上去,转角处要进行接头焊接。焊接冷却后用砂纸磨光,再用无色蜡抛光,达到表面光滑。

三、护栏制作与安装

1. 查验预埋件

根据护栏立柱的间距,检查楼梯各踏步上预埋件的位置、标高数量是否符合设计要求。回廊平台地面外端应预先埋置连接件。如不符合要求,应预先处理。

2. 定位找标高

根据设计要求护栏高度(室外楼梯护栏高度≥1 100 mm,室内≥1 000 mm,幼儿扶手≥600 mm),在楼梯段两端画好护栏高度的标记,然后拉斜线找出护栏(栏杆)的上标高线。再根据楼梯踏步装饰面面层标高(在安栏杆前踏步底子灰必须抹完)找出栏杆的下端底标高。

3. 核验护栏材料尺寸

找好护栏(栏杆)两端安装高度后,核对已进场的栏杆(或板)的安装长度,如不符合要求时,在现场配制加工成活。

4. 护栏(或栏杆)安装

金属护栏(或栏杆)的安装:立柱立起后对准安装位置底端与预埋件焊接,上顶端如果是木扶手,先与扁铁连接件焊接,如果是金属管扶手时,立柱直接与圆管扶手焊接。用线垂吊直后先在两端点焊,然后再次吊直并查验间距符合要求后进行焊牢。焊缝应均匀并锉平、磨光。不锈钢、镀铬、铜制等圆管立柱底端,一般还要配制相同材料法兰底座,用胶粘剂粘牢。

玻璃栏板的安装:安装有机玻璃或钢化玻璃栏板时,按设计要求的连接构造方法,先安装上下端框槽,再安装玻璃栏板,上下均用橡胶垫铺垫,盖口压封条封严(或嵌缝膏)。玻璃板块之间缝隙用硅酮胶系列密封胶嵌缝。

第五节　花饰制作与安装施工

一、工艺流程

基层处理 → 确定安装位置线 → 分块花饰预接编号 → 花饰粘贴法安装 → 螺钉固定法安装 → 焊接固定法安装

二、基层处理

花饰安装前,应将基体或基层清理、刷洗干净,处理平整,并检查基底是否符合安装花饰的要求。对于突出点缀、景象效果的花饰宜在完成背景环境装饰面层后安装。

三、确定花饰安装位置线

按设计位置弹好花饰位置中心线及分块的控制线。重型花饰应检查预埋件及木砖的位置和牢固情况是否符合设计要求。

四、分块花饰预拼编号

分块花饰在正式安装前,应对规格、色调进行检验和挑选,按设计图案在平台上组拼,经预验合格进行编号,为正式安装创造条件。

五、花饰粘贴法安装

一般轻型花饰采用粘贴法安装。粘贴材料根据花饰材料的品种选用。

水泥砂浆花饰和水泥水刷石花饰,使用水泥砂浆或聚合物水泥砂浆粘贴。

石膏花饰宜用石膏粘贴。

木质花饰和塑料花饰可用胶粘剂粘贴,也可用钉固的方法。

金属花饰宜用螺钉固定,根据构造可选用焊接安装。

预制混凝土花格或浮面花饰制品,应用1:2水泥砂浆砌筑,拼块的相互间用钢销子系固,并与结构连接牢固。

六、螺钉固定法安装

较重的大型花饰采用螺钉固定法安装。安装时,将花饰预留孔对准结构预埋固定件,用铜或镀锌螺钉适量拧紧,花饰图案应精确吻合,固定后,用1:1水泥砂浆将安装孔眼堵严,表面用同花饰颜色一样的材料修饰,不留痕迹。

七、螺栓固定法安装

重量大、大体型花饰采用螺栓固定法安装。安装时,将花饰预留孔对准安装位置的预埋螺栓,按设计要求基层于花饰表面规定的缝隙尺寸,用螺母或垫块板固定,并加临时支撑。花饰图案应精确,对缝吻合。花饰与墙面间隙的两侧和底面用石膏临时堵住,待石膏凝固后,用1:2水泥砂浆分层灌入花饰与墙面的缝隙中,由下而上每次灌100 mm左右的高度,下层终凝后再灌上一层。灌缝砂浆达到强度后才能拆除支撑,清除周围临时堵缝石膏,经修饰完整。

八、焊接固定法安装

大重型金属花饰采用焊接固定法安装。根据设计构造,采用临时固定挂的方法后,按设计要求先找正位置,焊接点应受力均匀,焊接质量应满足设计及有关规范的要求。焊缝做防锈处理。

参 考 文 献

[1]《建筑装饰构造资料集》编委会.建筑装饰构造资料集[M].北京:中国建筑工业出版社,2000.

[2] 中华人民共和国建设部,国家质量监督检验检疫总局.GB 50300—2001 建筑工程施工质量验收统一标准[S].北京:中国建筑工业出版社,2002.

[3] 张宗森.建筑装饰构造[M].北京:中国建筑工业出版社,2006.

[4] 王萱,王旭光.建筑装饰构造[M].北京:化学工业出版社,2006.

[5] 北京土木建筑学会.建筑装饰装修工程施工技术交底记录详解[M].武汉:华中科技大学出版社,2009.

[6] 北京土木建筑学会.门窗与幕墙工程施工技术交底记录详解[M].武汉:华中科技大学出版社,2009.

[7] 中华人民共和国建设部,国家质量监督检验检疫总局.GB 50210—2001 建筑装饰装修工程质量验收规范[S].北京:中国建筑工业出版社,2001.